The True History of Chocolate

启真馆 出品

启真·人文历史

巧克力

一部真实的历史

[美]索菲·D.科　麦克·D.科　著

董舒琪　译

ZHEJIANG UNIVERSITY PRESS
浙江大学出版社

芭拉陶瓷（前 1900—前 1500），中美洲已知最早的陶瓷，化学分析证据显示出世界上最古老的巧克力。（约翰·克拉克摄）

9 世纪到 12 世纪，新墨西哥查科峡谷（Chaco Canyon）普韦布洛波尼托（Pueblo Bonito）地区的精英阶层原住民，巧克力的饮用者。（斯科特·黑夫纳摄）

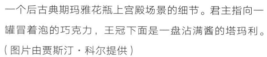

一个后古典期玛雅花瓶上宫殿场景的细节。君主指向一罐冒着泡的巧克力，王冠下面是一盘沾满酱的塔玛利。（图片由贾斯汀·科尔提供）

后古典期（800）模制雕像瓶，形象为一位神祇身覆可可豆豆荚，来自蒂基萨特（Tiquisate），太平洋沿岸危地马拉地区。（图片由麦克·D.科赞助）

17 世纪西班牙的巧克力罐、莫利尼奥搅拌棒和饮用杯；用来蘸巧克力的面包。安东尼奥·德·佩雷（Antonio de Pereda）于 1652 年绘。（来源：俄罗斯艾尔米塔什博物馆藏，圣彼得堡，斯卡拉摄影）

18 世纪早期瓷版画细节，描绘出西班牙巴伦西亚一个巧克力盛宴的场景。（来源：陶瓷博物馆，巴塞罗那）

此幅弗朗索瓦·布歇的画作（《早晨的喝咖啡时间》，1739 年）中可见典型的法式巧克力锅。

19 世纪意大利宣传画中的小规模巧克力作坊与 19、20 世纪兴起的巧克力工业化生产工厂形成鲜明对比。意大利小作坊仍在使用易碎的弧面磨石研磨巧克力。

招贴画中宣传吉百利的可可能让人变得更强壮（左图），而好时的牛奶巧克力可作为正餐（上图）。19世纪布里斯托的弗赖伊巧克力工厂鸟瞰图（下图）。

20 世纪末，高品质的奢华巧克力开始复兴，这种巧克力的可可粉和可可脂的含量均很高。图中展示的精品巧克力来自欧洲各地。

本书献给

艾伦·戴维森

目　录

序

我的亡妻索菲·多布然斯基·科（Sophie Dobzhansky Coe）对西班牙殖民时期以前的新大陆饮食有着浓厚兴趣，因此一直想写写关于巧克力的历史。读过她《美洲美食起源》（*America's First Cuisines*）（得克萨斯大学出版社，1994年）一书的读者会发现，她在这本书中关于阿兹特克王朝的三章里，就曾对巧克力进行过重点讲述。其实，自她1988年在牛津食物与烹饪研讨会发表论文《玛雅巧克力热饮壶及其衍生产品》（"The Maya Chocolate Pot and Its Descendants"）之前，就已经专注于研究巧克力和可可树（巧克力的来源）。1992年，她再次参加该研讨会，并以"中美洲的巧克力调味"为主题发表了演讲。

一年前，索菲就构思好了八个章节，准备从巧克力的起源，即哥伦布发现新大陆之前的印第安时期（该时期随着考古学及其近缘学科语言学的发展而逐渐为人所知），一直讲到近代。索菲是个执着于"追根溯源"的人，她在欧美各个图书馆以及我本人的中美洲图书馆中泡了无数个钟头，追寻一切与巧克力有关的线索。她梦想中的天堂，就是在一个古老的图书馆，比如她钟爱的罗马安吉莉卡图书馆（Biblioteca Angeliac），翻阅有着四百年历史的古老书籍，寻找巧克力的踪影。

索菲有着名副其实的学术背景：她的父亲狄奥多西·多布然斯基（Theodosius Dobzhansky）是著名的美籍俄裔遗传学家，她本人则是人类学博士。因此，她科学严谨地做学问，并且一切事实背后均有坚实的数据支撑。在高标准的牛津食物与烹饪研讨会上，该领域的领路人、索菲非常敬仰的作家阿兰·戴维森（Alan Davidson）的烹饪书也增援了她这种"饮食写作和饮食历史研究可以学术化"的想法。

此外，索菲的厨艺也十分精湛。她不但从母亲那里习得俄罗斯传统美食的精髓，也擅长烹饪异国美食。她经年积累的烹饪书籍数量相当可观，目前全部寄存于马萨诸塞州剑桥市拉德克里夫学院的施莱辛格图书馆。当她写到异族他乡的食物时，即便是像阿兹特克人这么罕见的民族，她也能将自己所知所爱的部分信手拈来。

1993 年到 1994 年间的冬天，受病痛困扰，索菲的研究和写作进程大大放缓。经历误诊后，3 月份左右事态才明朗，她被确诊为癌症，时日无多。但她仍怀着极大的勇气尝试继续撰写本书，并希望向我口述第三章的部分内容。但只遗憾地完成了前两章的初稿。她很快意识到自己永远不可能完成这本巧克力史了。我向她保证将了却她的遗愿，并以她为第一作者，因为这本书几乎完全基于她的研究，而且本书原先也是由她完成构思和谋篇布局的。

5 月，索菲离世，我接手了她的工作。梳理并熟悉她留下来的上千页笔记手稿并非易事。整整研究了 6 个月后，我才有信心按她当年的设想组织起一本巧克力历史。我在位于马萨诸塞州伯克希尔山区的私家农庄及罗马完成了大部分的撰写工作。在旅居罗马期间，我的表亲欧内斯托·维泰蒂伯爵（Count Ernesto Vitetti）及罗马英国学校的工作人员对我的工作都给予了很大的帮助。

泰晤士 & 哈德逊出版社在我本人及本书困难时期表现出极大的包容与理解，对此深表感谢。一些同事还为我提供了关键的插图等资料，在此我要特别感谢他们的帮助：艾里西亚·里奥斯（Alicia Ríos）、尼古拉斯·赫尔穆特（Nicholas Hellmuth）、尚德兰·科迪（Chantal Coady）、贾斯汀·克尔（Justin Kerr）、大卫·斯图亚特（David Stuart）、米格尔·莱昂－波蒂利亚（Miguel León-Portilla）、斯蒂芬·休斯顿（Stephen Houston）、大卫·博尔斯（David Bolles）、丹尼斯·特德洛克（Denis Tedlock），以及约翰·加斯特森（John Justeson）。从本书开始写作之初我和索菲就一致同意将此书献给艾伦·戴维森，以感谢他的诚挚友谊。

最后，我想澄清替索菲完成本书并不是我的负担或牺牲，而是发自内心的乐趣。记得当我在长岛北岸长大的时候，当地的高中曾有这么一段铭文："欲为人师者，当不止于学也。"在此书的撰写过程中，无论索菲是否在身边，我都受益匪浅。我不敢奢望重现她之前著作中的活力与讽刺幽默，只愿读者依然能从本书窥得几分她的风趣和学识。

从17年前本书初版发行至今，巧克力的世界发生了翻天覆地的变化。当我和妻子开始着手这个项目时，并不确定这么一个令人身心愉悦的对象的历史是否能在学术界得到严肃对待。但这些年来，有关巧克力历史的研究成果层出不穷，欧美及全世界各地欣赏高品质巧克力的民众也显著增多。除了在之前几版中提到的朋友和同事之外，我还想在此感谢以下几位的帮助和建议：W. 杰弗里·赫斯特（W. Jeffrey Hurst）、约翰·克拉克（John Clark）、卡梅伦·L.麦克尼尔（Cameron L. McNeil）、帕特里夏·克朗（Patricia Crown）、多萝茜·沃什本（Dorothy Washburn）和 索尼娅·扎里罗（Sonia Zarrillo）。

该版新增了不少吸引人的资料：远在奥尔梅克文明之前，可可树最早在亚马孙西北部种植和中美洲南部出现的巧克力制造活动。还有最新巧克力研究中的惊人发现：美洲西南部的阿纳萨齐人和霍霍坎人在与墨西哥中部托尔特克人之间贸易的推动下，开始饮用巧克力。而当代神经学家在研究人脑影响味觉作用机制时，也解开了巧克力的部分秘密。在本书结尾部分，我们讨论了各种规模的巧克力厂商是如何应对巧克力产业的伦理问题的（有些厂商则毫无作为）。

海神尼普顿从拟人化的"美洲"手中接过巧克力。这幅带有寓言意味的扉页插图摘自布兰卡乔主教（Cardinal Brancaccio）1664 年关于巧克力的著作，描绘了巧克力从新大陆传入欧洲的景象。

引言

"啊，潘格罗斯大夫！"赣第德嚷嚷道，"您刚刚描述的是怎样的一条令人心酸的因果之链呐！这种病毒（梅毒）一定是有魔鬼在作祟。"

"不，完全不是这样，"伟大的哲学家答道，"这都是命中注定的，这是我们这个最完美的世界上必不可少的一种要素；假如哥伦布没在那个美洲的小岛上染上这病毒，并传染了一代又一代人，还常常妨碍生育，这显然与大自然的伟大目标相违背。但如果没有哥伦布，我们就既不会有巧克力也不会有胭脂红。"

伏尔泰，《老实人》

所有的古代史，就像我们一个有才华的人曾说过的那样，都只是些约定的神话。

伏尔泰，《耶诺与高兰》

伏尔泰的认知其实并不真切。实际上，并没有一丁点儿证据表明哥伦布是在新大陆染上梅毒的（他的船员倒有可能不幸感染），他对巧克力也一无所知（下文将提到），更遑论胭脂红—— 一种从墨西哥某种昆虫身上提取出的高级红色染料。这位一向乐观的潘格罗斯大夫对赣第德的回答不过是一个"广为流传的故事"，取代了食物和烹饪的真实历史，这种情况不胜枚举。后来欧洲人确实了解了这两种宝物，却与这位伟大航海家的性病毫无关系。

本书的标题源于《征服墨西哥真史》（*The True History of the Conquest of Mexico*）一书。该著作由当年的殖民者贝尔纳尔·迪亚斯·德尔·卡斯蒂略（Bernal Díaz del Castillo）执笔（也有可能是口授），于 1572 年在危地马拉首都完成。这位勇敢刚强的战士尽管年迈潦倒，几近失明，仍不屈不挠地追寻着阿兹特克文明陨落的真相。卡斯蒂略先生并不像其他作家一样对科尔特斯（Cortés）一行人的丰功伟绩歌功颂德，因为他是切切实实亲身经历过这段历史的人，甚至还认识这段殖民史中诸如阿兹特克王等重要人物。因此，他对这段历史的描述不掺有任何其他目的，只求摒除无谓的花言巧语，尽量还原历史真相。卡斯蒂略向世界证明了，"真实的历史"可以比"广为流传的故事"更能引人入胜、带来启发。

即使在西方，学术界把（饮）食史摆上台面讨论，也是近几十年才开始的。北美和英国长期禁止在就餐或非其他场合讨论食物。尽管食物、性爱和死亡三者都是人类逃脱不了的宿命，但早期的学者还是很避讳，把它们视为不敬的话题。因此，长久以来，只有某种食物、饮品或菜肴的业余爱好者会研究其历史。对于巧克力（及巧克力原料的可可）而言，这种现象就更典型了，这种食材所涉及的新大陆史前史和人种史迷雾重重、难以探究。因而多数写到巧克力由来的文章最后都会变成伏尔泰所说的"广为流传的故事"。我们由此想到一个常见的游戏：人们坐成一圈，由任一位先向自己的邻座耳语一个故事，这位朋友再将这个故事悄悄复述给他的邻座，依次类推……可以想见，一圈之后这个故事逐渐走样，变得越来越不可信。在本书里，我们将追溯原始资料，希冀打破这个怪圈。

巧克力在当代西方人的印象中是一种甜味固体食物，这是由于很多美食著作过分强调固体巧克力。其实在巧克力的悠长历史中，十之八九是以流质饮品的形态出现，而非固体食物。在这本"真史"中，我们尝试更多地着墨于它的珍贵饮品形态，以期纠正以往不平衡的历史。此外，鉴于大部分同类书籍文章对于征服新大陆前的印第安时期都是寥寥数笔带过，本书将用两个章节来探讨这一研究领域——毕竟从 1521 年阿兹特克王朝首都陷落之后至今的巧克力史，只占巧克力漫长历史的五分之一。

我们所熟知的巧克力是深棕色的，是一种微苦却令人愉悦的复杂化合物，外表看上去似乎和果肉满溢的可可树种子毫无相似之处，但巧克力确实产自可可树。为了正确理解可可树（*Theobroma Cacao*）的来源以及将可可子或可可豆转化为巧克力的工序，本书在第一章里对其作了经济植物学上的研究，分析了巧克力的化学成分及各种属性。此外，由于巧克力界的宿敌——玛氏和好时——赞助的实验室分别于2010年测定了可可树的完整基因序列，可可树的起源和移植的奥秘也就昭然若揭了。

成品巧克力的终极源头似乎可以追溯到四千年前墨西哥南部临太平洋平原的农民身上，而后是奥尔梅克人，这段历史将在本书第二章中阐述。随后，基于对玛雅时期象形文字的最新解读，本书将注意力转移到古典期辉煌的玛雅城的统治者和宫廷，以及关于玛雅巧克力饮用的令人兴奋的新史料。第三章则研读了大量资料，包括巧克力在阿兹特克王朝作为饮品和货币的用途与重要地位，以及在传统仪式上作为人血替代品的重要性。

1521年，随着阿兹特克巍巍王城灾难性的毁灭，辉煌的阿兹特克帝国也随之陨落。这一时代，西班牙殖民者既改变了巧克力食用方式，又给它注入新元素、发明新术语，"巧克力"（chocolate）这个词本身也是在这一时期出现的。第四、第五章就记述了巧克力饮品在转化、重命名并调味后，如何传入欧洲。根据古希腊的希波克拉底－盖伦的时间理论，巧克力曾作为药物服用，并且还得以在天主教国家的禁食风俗中存留下来。

"巴洛克"一词意味着华丽繁复的戏剧和艺术效果。不难想见，在巴洛克时期的欧洲，巧克力饮品也经过了细致的加工，甚至被精心点缀于教会和贵族的餐点中。第五章里将谈到耶稣会士和天主教教堂与这些事的瓜葛，以及意大利人用巧克力突破饮食界限的大胆试验。

第六章将谈到负责供应欧洲宫廷、贵族和巧克力馆的可可和巧克力生产商。这部分历史牵涉了殖民主义、食品出口、对黑奴的运输与剥削、西班牙国家垄断以及西班牙在逐渐失去海洋霸主之势，而由英国、荷兰和法国取而代之。最终，可可的主产地从位于热带的西班牙美洲殖民地逐渐转移到了非洲，也就是那些由西班牙的宿敌所控制的殖民地。

对比巴洛克时期花样繁多的饮食工艺，紧随其后的欧洲启蒙时代的巧克力加工手法就显得平淡乏味了，但饮用巧克力依然是王公贵族和教会人士的专利。不过在英国和其他新教国家，巧克力馆和咖啡馆已如雨后春笋般涌现，成为新的聚会场所，甚至是新兴政党的俱乐部。在第七章中我们将看到，当法国大革命摧毁了法国的教会和皇室后，咖啡和茶——启蒙运动者和启蒙运动沙龙最钟爱的热饮，逐渐取代了巧克力饮品。然而，启蒙时代的最后却出现了一位奇诡而又不讲理的人物：萨德侯爵，在大胆的反保守派言论和行为背后，却是一位坚定不渝的"巧克力迷"。

15　　在第八章之前的记述中，无论是黑皮肤的阿兹特克贵族或白皮肤的耶稣会士，巧克力都还是精英阶层的饮品。而第八章则将进入到当代巧克力史：从19世纪初期工业化进程开始，到可食用固体巧克力的发明，人们终于选择冲泡以外的其他方式享用巧克力了。自此之后，如英国、瑞士和其他欧洲国家的大型创新厂商所预见的，巧克力迅速成为大众零食，巧克力棒更是其中翘楚。但使美国大批量生产得到完善的是密尔顿·好时（Milton Hershey），他拥有一座巧克力城镇和像迪士尼一样的巧克力主题乐园。可惜随着批量生产和大规模的商业推广，巧克力销量猛增，味道品质却一落千丈。

"好时之吻"巧克力，有史以来最畅销的巧克力甜点之一。

第九章探讨的是巧克力制造业界偶尔会让人担忧的伦理问题。不过，我们还是以一个乐观的注脚来作为本书结语：业界对巧克力质量的退步作出了反应。随着 20 世纪末 21 世纪初精英阶层的出现，制造商推出了更优质的巧克力供财力雄厚的爱好者品鉴——当然，是固体巧克力，而非那位不知名的墨西哥印第安人第一次将可可豆变成"神食"后的几千年里的多数时间下的饮品形态。

le tiers de sa grandeur ordinaire.

Feuille de Cacoyer d'environ

Cacaotier
ou
Cacoyer.

18 世纪初期描绘了可可树简图的一幅版画，登载于多美尼加神父
让 - 巴蒂斯特 · 拉巴（Jean-Baptiste Labat）所著的旅游书籍中。

第一章 "神食"之树

说到巧克力的历史，要从一棵树讲起。那是一株细长的，喜欢在高大的板状根树木的阴影下生存的树。这个故事要讲的，正是这棵树的种子是如何在大西洋两岸对社会、宗教、医药、经济以及美食产生巨大影响的。它诞生在新大陆，在那，它曾是珍贵的食物、货币以及宗教符号。与其他传回旧大陆的美洲植物相比，描写它的文学史料林林总总、卷帙浩繁。

我们的故事起源于西班牙殖民者登陆前几千年的墨西哥和中美洲。本书的内容，特别是后期可可子在欧洲的用途，主要基于欧洲的史料；但为了平衡史料，本书同样参考了大量较为冷门的新大陆文献。

欧洲侵略者不得不为他们新"发现"的植物——命名，且努力将它们分门别类地纳入当时的分类体系和健康理论中，而规定这些科目和理论的学者早就过世了，压根不知道新大陆的存在。而新大陆的原住民则在欧洲人的威逼下，不得不放弃千百年来所熟知的内容，接受欧洲人对这些植物的重新诠释和命名。

两个大陆的对峙在这种植物的学名上得到了完美体现：可可树（*Theobroma cacao*）——1753 年由 18 世纪的瑞典科学家卡尔·冯·林奈（Carl von Linné）命名，当时林奈的名字通常拉丁化为林奈乌斯（Linnaeus）。他所创的二名法取代了当时业界使用的冗长的拉丁描述语句，奠定了现代生物分类学的基础。*cacao*（即可可树［chocolate tree］）这个二名的第一部分源自希腊语，意为"神的食物"。我们不清楚林奈信仰的是什么神，但他本人也

伟大的瑞典科学家林奈（1707—1778），可可树的学名命名者。

喜爱巧克力。我们在后文可以看到，源自新大陆的名字 *cacao* 多少暗示了巧克力的早期历史。由于林奈认为 *cacao* 是土语，故而放在了可可树学名的从属部分。

林奈赋予这种植物的二名，像新旧大陆的冲突一样意味深长。这个学名在随后的两个半世纪里一直保持不变，但人们在日常生活中很少使用正式的科学二名。在美式英语中，人们几乎约定俗成地把这种植物和它未经加工的产物统称为"可可"（cacao）。而种子在加工后，无论是液体还是固体形态均统称为"巧克力"（chocolate）。美式英语中的"可可"和"巧克力"在英式英语中统称"可可"（cacoa），而美式英语中的"可可"（cocoa）只能指荷兰人昆拉德·梵·豪登（Coenraad Van Houten）1828 年发明的脱脂可可粉。本书也将采用后者的释义，即用"可可粉"（cocoa）来指代脱脂可可粉。可是纽约商品交易所称未经加工的可可种子为"可可"（cocoa），真是混淆视听！

植物的常用名中常出现简单、重复的音节，因此从古至今，常有人将可可与其他物种混淆。我们必须注意把可可树和美洲热带的椰子树（*cocos nucifera*）及其果实——"椰子"（coco）区分开来。此外，新大陆还有一种植物也易与可可树混淆，而这种植物也是用来制作饮料的——那就是古柯（*Erythroxylum coca*），秘鲁的印加人及其祖先曾嚼食这种植物。很多读者因在秘鲁的文献记载中见过"coca"一词，就误以为印加人也在哥伦布登陆前即开始饮用巧克力。现在，当安第斯山脉的游客出现高原反应时，当地人仍然用古柯叶为他们泡一杯提神醒脑的茶。但大多数古柯叶还是用于非法生产可卡因，并在全球市场上销售。除了椰子和古柯之外，还有许多音近的植物会与可可混淆：加勒比有种根茎可食用的高淀粉芋（colocasia）属植物，在当地俗称为"coco"。名字类似的植物还有菜豆（coco-bean, phaseolus vulgans，一种常见的豆类）等。通过上述例子可以得知，很多提到"可可"或类似名称之处，所指并不一定是可可树。

可可树的果实虽重要，但种植难度却不小。[1]南北纬 20 度以外的可可树基本是结不出果实的。即使在上述纬度范围内，若海拔太高，导致温度降至60 华氏度（约 16 摄氏度）以下，可可树也无法结果。此外，可可树全年需要充足水分，因此旱季时必须保证可可树的灌溉，不然它们的常绿叶会逐渐凋落，看起来就像新英格兰的秋天一样。生长在恶劣环境中的可可树可能会对各种致病因素格外敏感，如果腐病、枯萎病和由真菌引起的丛枝病（长出很多没用的枝芽）等。松鼠、猴子和老鼠都喜欢偷吃可可树美味的白色果肉，但它们不吃苦味的可可子（虽然它们有助于可可子的传播）。

若是在合适的土壤中播种，几天内可可树的种子就能发芽，三四年后就能结出果实。但是，当今可可树的种植主要是靠嫁接，或者移植精心培育的幼芽。因为，就算用最先进的培植技术，可可种子最多也只能保持三个月的生育和发芽能力。可可子暴露于低温或低湿度下都会死亡。这些种子的内部机能细节都与可可树的起源理论及哥伦布登陆前的移植息息相关，这也足以证明可可子不可能在古代进行长距离运输。

16 世纪的欧洲作家急于将可可树介绍给旧大陆的读者（考虑到阿兹特克人不但把可可豆视为食物，还以此为流通货币，他们更是急不可耐了），称可可树的高度与欧洲甜樱桃树及橘子树相仿，叶子形似橘子树叶，只是更宽更长些。但是可可树的开花方式却与之迥异。可可树并不像欧洲的果树那样沿着树枝或在树丫的末梢开花，而是和其他热带果树一样，直接在主干或粗大的树枝上开花，这种现象在学术上称为"老茎开花"。欧洲画家尝试应付这种完全陌生的开花方式，却总是无功而返，当真有趣。他们从来没见过真正的可可树，因而通常会把可可豆荚改画到较小的树杈上，显然是以为当地的水彩画家作画时观察有误，才会把花画在树干或粗大的树枝上。

可可树，16世纪西班牙菲利普二世的王室医生：弗朗西斯科·埃尔南德斯（Francisco Hernández）的草药。

可可树总是生长在潮湿、阴凉的林下凹处，因此才会出现老茎开花的现象。这些小小的五瓣花朵仅由一种生物进行授粉，那就是在这种自然环境中大量繁殖的摇蚊。自人工种植可可树起，种植者就一直认为可可树苗应避免阳光直晒，因此将高大的树与可可树苗套种。可结果却令种植者感到困惑：即使在，甚至越是在现代化的种植园，可可果的产量却越小。一株可可树一年开出几百朵花，却只有百分之一至百分之三的花最终能结果。这是生物低效的一种极端现象。美国昆虫学家艾伦·扬（Allen Young）[2]在哥斯达黎加进行了一些实验和观测，发现了真正的问题所在——大型种植园普遍采用无菌方案，这扼杀了摇蚊。在这些受到悉心照料的果园里，缺少热带雨林中常见的垃圾和混乱状况，比如落叶、动物尸体、腐烂的可可豆荚等。但其实正是这些造就了一个潮湿且凌乱的完美环境，这才是摇蚊授粉的温床。这些商业种植者不知道他们种的那些高大树木，并不仅仅提供庇荫，同时也得维持摇蚊的正常繁殖。相比之下，前哥伦布时期的原住民的种植回报率反而更高，因为他们种植可可的环境是林中小溪旁的温和、花园式的林区，而不是修剪整齐的巨型种植园。

一旦授粉，可可树的每朵花都会结出一个大豆荚，豆荚里甜美多汁的果肉包裹着30至40颗杏仁状的种子（即可可豆）。可可豆荚本身无法自动打开散落种子，因此人工种植的可可树必须由人力进行播种，而猴子或松鼠则负责野生可可树的播种。富含生物碱的可可豆味道很苦，因此动物总是弃之而取其美味的果肉，当初人类可能也是受到果肉的吸引才接近可可树的。

豆荚长成型一般需要四五个月，然后再过一个月才能完全成熟。虽然可可

位于墨西哥塔巴斯科州科马尔卡尔科市的一棵可可树。豆荚是直接长在树干上的。

树的花朵受精和豆荚成熟都是不分季节的，但一般一年收获两次，因为豆荚会在树上悬挂几周，完全成熟后还会再挂一周。然而，随着现代技术的发展，现在人们已经可以持续收获果实。但人们得小心翼翼地收获，以免弄坏不断长出花朵和豆荚的树干。

打开豆荚并挖出可可豆及其周围的果肉之后，必须按照以下四个重要步骤来获取可可粒，并最终研磨成巧克力[3]：（1）发酵、（2）干燥、（3）焙烧（或烘烤）及（4）去壳。不管技术如何发展，这四个步骤已流传了至少四千余年，且依然适用于当代世界。

发酵的时间根据种子和果肉的品种不同也有所区别：以前克里奥罗（criollo）可可豆一般需要发酵 1 到 3 天，佛里斯特罗（forastero）可可豆则需要 3 到 5 天，但现在两者的发酵时间均延长至 5 到 6 天。第一天，开始化学反应和生物变化：黏黏的果肉开始液化，并随着温度升高逐渐蒸发。最重要的过程是种子很快发芽，旋即被高温高酸杀死。其中发芽是必经过程，因为未萌发的可可豆在成品中无法体现巧克力风味。到了第 3 天，需要时不时对大量可可豆进行翻筛，并将温度保持在 45 摄氏度（约 113 华氏度）和 50 摄氏度（约 122 华氏度）之间，直至可可豆发芽后的数天内，这样才能确保成品中的巧克力风味。经过发酵，可可豆的涩味减弱，觅食的动物不喜欢的可能正是这股涩味。

发酵完成后，一般会将可可豆放在垫子或者托盘上进行干燥，根据天气的不同，将可可豆置于阳光下一到两周。在干燥的过程中，可可豆会失重大半，但发酵导致的酶催化作用仍将继续。接下来是持续 70 至 115 分钟的焙烧——制作巧克力需要 99—104 摄氏度（约 210—219 华氏度）的温度，而制作可可粉则需要 116—121 摄氏度（约 240—250 华氏度）的温度，恰当的温度对成品的口味和香味是至关重要的。这一步骤中，由于化学变化和水分的进一步挥发，可可粒呈亮棕色，变得易碎，涩味也淡了。

最后一步是去壳，剥去或用其他方法去除无用的薄壳。研磨无壳的碎粒就可以得到巧克力了，在贸易中，这种物质被称为巧克力浆。与其他长期栽培植

可可种植园里的工人在从豆荚中挖出种子，并准备发酵。

物一样，可可也有许多品种以及它们的分布和野生可可树（如果仍存在的话）让我们得以深入了解可可树的起源、人工栽种，以及之后与人类的关系。

植物学家何塞·夸特雷卡萨斯（José Cuatrecasas）[4] 在其 1964 年发表的关于可可属（*Theobroma*）的文献中，将其分为 6 大类 22 种。他认为远在人类从西伯利亚涉足新大陆之前，可可属（并不仅限于可可树）的植物就在南美安第斯山脉东侧斜坡上生长进化。在 22 种可可属植物中，只有两种植物吸引了我们的注意力：可可树和二色可可树（*Theobroma bicolor*）。其他 20 种植物均生长在亚马孙河盆地，在太平洋沿岸从厄瓜多尔北部到哥伦比亚、巴拿马、哥斯达黎加、尼加拉瓜、萨尔瓦多、危地马拉和墨西哥，以及北方的加勒比海的南美侧沿岸。

二色可可树的传播不广，也不出产可可果实，只是在墨西哥南部到热带的玻利维亚和巴西作为菜园作物栽种。墨西哥将二色可可树果肉榨成一种叫 *pataxte* 或 *balamte* 的液体，本身可以做饮料，也可以用来稀释昂贵的可可。夸特雷卡萨斯从未见过野生的二色可可树，因此也无从猜测其原产地。

如何鉴别树木是"纯野生"，而不是"在野外生长"的人工栽培品种，这一问题在此至关重要，取决于植物学家的良好判断力。相比野生植株，栽培或人工种植的树木通常会结出更大的果实，这就是人工种植的原因。然而，人工种植的可可树，尤其是热带的可可树，生命周期比任何房子都长。如果这样的可可树及其后代在艰难的条件下成长，结出的果实会逐渐变小、变少，这就给调研人员猜测并推断其起源设置了障碍。

尽管经过了几十年的研究和推测，人们仍未就种植可可树的起源达成一致。在研究过程中，我们需要把可可树的起源和人类制作巧克力的起源区分开。有一点可以肯定，即可可树起源于亚马孙河盆地，且极有可能在西北部，位于安第斯山脉东侧斜坡下。前哥伦布时代的南美人从来没有做过巧克力，取用可可树的果实只是为了食其果肉。我们不确定野生可可树的生长区域是否曾延伸至中美洲南部（前哥伦布文化区，包括墨西哥南部、伯利兹、危地马拉，以及萨尔瓦多和洪都拉斯的部分地区），并曾经在那里有过独立人工种植；还是在从南美洲传入中美洲和墨西哥时就已经是人工种植的果树，继而演化出中美洲人的巧克力制造史。[5]

　　近十年中关于公元前 3300 年厄瓜多尔的钦奇佩流域文化的新发现让人们对可可种植的起源有了新的认识。当年在厄瓜多尔南部亚马孙河发源的地方，聪明的村民与太平洋沿岸居民保持着紧密联系，从他们那购买举行仪式需要的贝壳和海菊蛤。在厄瓜多尔的圣安娜遗址出土的陶瓷和雕刻的石船中，卡尔加里大学的索尼亚·扎里洛（Sonia Zarrillo）发现了淀粉颗粒的踪迹，这些淀粉颗粒来自可可树或可可的近缘物种"猴子可可"（*Herrania purpurea*）。有鉴于

此，钦奇佩流域的居民有可能曾饮用某种可可调制的饮料，只是还未经证实，而且这种饮料应该不是真正的巧克力。人工种植的可可亦可能曾流传到太平洋沿岸瓜亚斯盆地的村庄，并继续北上传入中美洲。[6]

　　中美洲及南美洲的可可树之间有着显著的差异：中美洲可可树，即克里奥罗（*Criollo*），其豆荚呈弯曲的细长形，质地柔软、遍布瘤结，种子的子叶呈白色；而南美洲的可可树，即佛里斯特罗（*forastero*），其豆荚坚硬浑圆，状似甜瓜，种子的子叶呈紫色。这两个亚种杂交后能结出有生殖

一件 19 世纪的雕刻展现了可可豆荚的瘤状突起。

能力的种子，但经杂交的种子无法再和任何其他品种的可可树进行杂交。[7]

　　宕开一笔，克里奥罗和佛里斯特罗及其杂交的品种，为现代巧克力工业提供了原料。克里奥罗的可可树对生长环境极其挑剔，豆荚产量小，每个豆荚的种子也少，且易遭受病虫害。那为什么还有人愿意栽种呢？这是因为克里奥罗可可豆在古代中美洲可能是特供统治者和武士享用的，味道和香味也更胜佛里

斯特罗可可豆一筹，也引得十七八世纪的欧洲菁英趋之若鹜。而佛里斯特罗可可树的环境耐受力更强，也更高产（可惜不生长在中美洲）。毫无疑问，当代可可种植和加工商更偏爱佛里斯特罗，占当今世界可可作物的80%。

可可种植者开始努力培育杂交品种，希望兼具克里奥罗的卓越品质和佛里斯特罗的存活能力。18世纪时，一场"灾难"（有人说是飓风，有人有理有据地说是植物病害）席卷了特里尼达岛，毁掉了岛上大多数克里奥罗可可树。于是岛民们用从南美洲进口的种子取而代之，开始种植佛里斯特罗可可树，它们与幸存的克里奥罗可可树交叉授粉，产生了一个全新的杂交品种，千里塔力奥（trinitario）。此即为两个亚种的第一次杂交。现代育种仍在努力改进，但我们尚不明确他们究竟愿意为了优质的风味作出多少商业利益的让步。

化学万花筒

可可豆中究竟有什么？油脂占经加工干燥的可可颗粒（即去壳并脱胚的可可豆）成分的大半，但精确占比将由具体品种和生长环境决定。按照梵·豪登在20世纪发明的加工方法从可可颗粒中提取出的油脂称为"可可脂"（cacao butter）或"成品可可脂"（cocoa butter）；脱脂后剩下的固体可可称作"可可粉（cocoa）"。

可可脂价值很高，因它不仅是制作高档巧克力的重要原料，也可广泛用于美容和药用领域。可可脂的熔点略低于人体体温，且保质期极长，这些特点都非常实用。

可可脂的具体食用用途取决于生产商的意图。若生产商的最终目标是制作优质巧克力，就会将其加入优质的加工巧克力中，以提升其美味；有时为了顺滑口感还会添加双倍可可脂（但真正的品鉴家更关注可可粉的含量）。若生产商无意生产优质巧克力，而是生产很多高档巧克力商口中的"垃圾巧克力"，其中可可粉含量通常只有15%（优质巧克力的可可粉含量可高达85%），剩余成分则由糖、奶粉、卵磷脂（乳化剂）及廉价的固体植物油填充，省下昂贵的可可脂售向他处。在十八九世纪的烹饪书中，前人曾反复提醒掺假巧克力的存在：巧克力中可可粉的替代物从砖灰到铅丹，不一而足；用廉价的甜杏仁油、猪油或骨髓油替代可可脂。我们希望砖灰和铅丹不要再出现在巧克力中。

我们所谓的"白巧克力"则完全由可可脂制成，但最近美国规定这种食物的名称为"白糖衣"，因为它的成分中不含可可粉，因此不符合"巧克力"的法定标准。白巧克力有容易变质、变味的缺陷。

除油脂外，蛋白质和淀粉的重量不到可可豆总重量的 10%。

可可豆的剩余成分中包含上百种已知的化合物，也正是这些物质使人们对巧克力产生滋味迥异的体验，以至于有时甚至看不出两位作者是在描述同一种食物。当他们号称"巧克力里有这个那个"时，我们通常无从得知他们是在说原料可可豆、加工后的豆子、某种特定品种、低端糖果还是优质的考维曲（糖衣中可可脂含量较高的巧克力糖果）。看文学作品里对可可成分的描写，就像听摸象的盲人说天书一样。

心理学家往往忽视巧克力的无数化学成分中的某一种或某几种可能对食客造成的生理影响。他们只强调已知的事实，即很多人在童年时期，可以得到甜品，尤其是巧克力作为听话的奖励："乖孩子，把蔬菜吃了，饭后甜点有巧克力蛋糕哦。"女性更是常常收到各种巧克力礼物，正所谓"甜品赠甜心"。但心理学家也不得不承认，人们对甜食的喜好并非后天养成而是与生俱来的。就连新生儿在吸吮较甜的饮品时都会加快速度。因此，很多论文都在结尾段中抱怨人类对巧克力成分及其对人类的可能影响所知甚少，顺便为自己开脱，以免将来出现相矛盾的研究成果。

医学界对巧克力的看法迥异。有些医生认为巧克力有抗抑郁的效果，与雌性荷尔蒙作用会使女性在经前嗜食巧克力。但并非所有医生都得出了这一结论。法国医生埃沃·罗伯特（Hervé Robert）完成了一项最详尽的巧克力药用研究，并于 1990 年出版了《巧克力的药用功效》（*Les vertus thérapeutiqués du chocolat*）一书。他发现，巧克力中所含有的咖啡因、可可碱、血清素以及苯乙胺有滋补功效，能抗抑郁、抗应激，为愉悦的活动（比如做爱）助兴。血清素是由大脑自然分泌的荷尔蒙，可以提高兴致。苯乙胺则与其他调节情绪的大脑化学物质类似。人们还认为巧克力有催情功效，但这还有待今后的科研验证。尽管巧克力的催情美誉可以一直追溯到欧洲人侵略墨西哥之时，但各位读者应该仔细想想，史上各种消费品都多少曾经在某时某地戴上过这顶高帽。

有两种在可可豆中占 1%~2% 比重的物质目前已被证实会对人体产生一定生理作用，但具体影响不一定和罗伯特医生当年的结论相同。这两种物质即咖啡因和可可碱，均属于生物碱类（更确切地说属于甲基黄嘌呤）。生物碱是什么呢？它是一种世界上 10% 的植物中都存在的有机化合物，只是人们尚不明确生物碱在植物进化过程中具体起到何种作用。生物碱与酸作用可生成盐类，对食用这种盐类的动物产生生理影响。人类也对上述某些盐类趋之若鹜。本书具体描述了人类对其中一种盐类的追求：从新大陆种植可可说起，谈到可可在阿兹特克帝国的意识形态中占据了相当重要的地位，其后当西班牙侵略者摧毁阿兹特克帝国时，可可豆风靡西班牙和其他欧洲国家。鲜有人知晓茶和咖啡直到 17 世纪中期才在欧洲大众阶层中广泛流行，在此之前，欧洲人只能通过巧克力领略生物碱带来的精神愉悦。

巧克力给旧大陆的食客带来了两种生物碱，一是可可碱，二是我们更为熟悉的咖啡因。可可碱在植物界中并不多见，只在包括梧桐科和茜草科的 19 种植物中存在。非洲的可乐果中同时含有可可碱和咖啡因，可乐果的名字和生物碱一起用于某种软饮料，随后用来命名一整个饮料类别。有 8 种可可属植物中含有可可碱成分，它们包括：野茶树（*Camellia sinensis*，茶叶的来源）、6 种咖啡属植物（*Coffea*，其中一种可收获咖啡豆）和巴拉圭草（*Ilex paraguariensis*, 马黛茶［*yerbamaté*］的来源）。马黛茶作为南美特产茶种，是新大陆对生物碱饮品的又一贡献，饮用的时候通常要用银质的滤网吸管从镶银的葫芦中吸取。

在过去十年，越来越多的医学、营养学著作和相关媒体开始引述巧克力的理论健康功效。在这些材料中，所论述的成果大部分是基于黑巧克力，而不是牛奶巧克力。黑巧克力是一种极其复杂的化合物，其成分有 500 多种至 700 种（这也是至今无法人工合成黑巧克力的原因）。[8]这些成分中绝大部分对人体的作用仍不明晰，因此对于目前各种各样的医学观点我们仍应保持一定的怀疑态度。

好消息是，黑巧克力用希波克拉底的名言说起来是"与人无害"，至少对人类是如此。它的咖啡因含量非常低：在100克（3.5盎司）可可粉含量大于50%的典型优质巧克力块中，这种生物碱的含量不会比一杯美式咖啡更多。至于可可脂，尽管它确实是一种饱和脂肪，但其主要构成是不会影响血糖值和胆固醇的硬脂酸甘油三酯，因此巧克力产品和心脏疾病之间并没有直接联系。黑巧克力也不会引起糖尿病、龋齿、粉刺或头痛，尽管有人会对其过敏。对于很多号称是"巧克力迷"的胖子，他们的肥胖多半是由于过度摄入含有更高糖分的牛奶巧克力和久坐不动的生活习惯造成的。

巧克力中的另一种生物碱——可可碱可以改善情绪，是一种轻度兴奋剂、血管舒张剂和利尿剂。人类对可可碱具有很高的代谢率，即便摄入大量可可碱也可以很快排出体外，但对于猫和狗来说，可可碱则是有毒甚至致命的。小型和中型宠物若摄入可可碱，很可能会引起突发性心脏病甚至死亡，因此应当注意让它们远离各式各样的黑巧克力。

新闻中常常关注的抗氧化剂和巧克力又有什么关系呢？巧克力含有多种黄酮类和多酚类抗氧化剂，因此不易变质。在巧克力和来自某些其他植物的食品（如多种叶菜、茶叶和红酒）中所含有的这些抗氧化剂，能有效防止低密度脂蛋白胆固醇（通常称为"坏"胆固醇）的氧化——后者在氧化时会引起动脉粥样硬化，使血小板沉积形成血块，逐渐堵塞动脉血管。巧克力中最重要的黄酮类抗氧化剂是槲皮黄酮不仅具有抗氧化性，还具有抗炎作用。

可是别忘了，人体中有数万亿的各类有益菌群栖息和流动着，而它们在新陈代谢和特定化合物的吸收中所起到的作用才刚刚为医学界所知。另外一个复杂因素是，我们人类在享用巧克力之前、之中、之后都不停地向消化系统里喂入各种其他食物，这些食物都是应当考虑的变量。当然，如上文所述，从化学的角度来看，巧克力本身就是无比复杂的化合物。因此，要确认巧克力制品的长期健康功效，还需要对人体进行大量研究。[9]

正如布莱特（Bletter）与戴利（Daly）的警告："要有保留地看待那些把巧克力的药用价值描述得像万灵丹一样的报告。"[10]当然，话说回来，优质的黑巧克力对人体多半还是有好处的。上古时期的玛雅人一定也是这么想的：他们的皇室成员在盛宴上大量享用可可饮品，且考古学研究成果表明，这些人比不食用巧克力的人要长寿得多！

　　巧克力成分中一个可能的不稳定因素是铅污染。2006年成立于俄勒冈州的迭戈芭（Dagoba）有机巧克力公司（目前被好时收购）因为被食品药物管理局发现铅含量超标而被迫召回了数种很受欢迎的巧克力糖果。尽管这次的铅污染源尚不明确，但考虑到迭戈芭公司的可可豆是从厄瓜多尔进口的，而厄瓜多尔这个国家至今仍在使用含铅汽油，那么很有可能是可可树所种植的土壤吸收了铅分子，并转移到了所结出的可可果中。但在巧克力的食用史上，这次事件仅仅是一个非常意外的插曲。人们普遍认为，市面上在售的绝大多数乃至全部黑巧克力中都很难觅得这种可怕金属的蛛丝马迹，成人和儿童食用巧克力都是安全的。

　　对巧克力成分的这些探究可以用一个单词来完美总结："未知"。对于这种地球上最早的精神刺激饮品，追踪其重要性和深远影响最好的办法，就是回溯到远在欧洲人开始争论这种生物碱热饮对健康的利弊之前，跟随着在历史长河中最早发现并人工种植可可的种族，在他们的宗教和古典先例中寻踪觅迹。

第二章 巧克力的诞生：中美洲创世说

很多流行文学作家在描绘可可在新世界的起源时都沉迷在幻想中，可是现代考古学和民族史揭示的真相要比他们天马行空的想象力更为有趣。其实大多数作者都知道，欧洲人与可可豆的第一次邂逅发生在哥伦布第四次远航期间。当时欧洲人遇到了一艘大型玛雅商舟，这艘独木舟所载的货物里就包括了可可豆（现在有一种高级巧克力就是以这件事的发生地，瓜纳哈［Guanaja］来命名的）。还有个常识是，墨西哥的阿兹特克人曾广泛使用巧克力，不但作为饮品，还曾作为流通货币。然而，很多作者并没有好好钻研阿兹特克王朝及其非凡文化，而是随意推测，想当然地认为文明社会对这些远在墨西哥的原始族人所知甚少。其实不然，阿兹特克文明的相关史料十分丰富。

人们现在已经认识到，西班牙入侵者最初并不是从阿兹特克人那里了解到关于可可的真实情况和"可可"这个词的，而是从尤卡坦半岛和相邻的中美洲地区的玛雅人那里得知的。此外，过去二十年的研究表明，这些在西班牙人登陆前已在此生存了千年的玛雅人在用来为统治者和贵族调制巧克力的精致陶器上也书写了"可可"一词。事实上就是这个完全一样的单词"可可"（也就是林奈二名法命名的后半部分），为我们在新大陆史前史的迷雾中指引了方向，让我们得以知晓究竟谁是第一个把可可豆加工成巧克力的人。

奥尔梅克人和他们的祖先

现在请跟我们穿越回三千年前，去探寻美洲大陆上的第一个文明——奥尔梅克文明。从公元前 1500 年至公元前 400 年，奥尔梅克人奇特而复杂的文明活跃在墨西哥湾海岸（韦拉克鲁斯南部及塔巴斯科州的邻邦）湿润的低地里。我们几乎可以确定，奥尔梅克文明的早熟是依托于这片天然肥沃的土壤。这片土地紧邻着河流，它们缓慢蜿蜒地从热带雨林和绿色的大草原中穿流而过。奥尔梅克人还建造了土堆和黏土金字塔构成的大型祭祀神庙，堪称伟大的建筑师。在这些神庙里有很多从远处运来的坚硬的玄武岩，上面雕刻着奥尔梅克人的神明和统治者威严的形象。奥尔梅克最负盛名的物产是国王们的巨大头像雕塑和雕刻得精美绝伦的蓝绿色玉石。这些玉石有些被作为献给神的贡品埋在地下，有些被恭敬地放在贵族的墓室里。

奥尔梅克人没有留下任何我们能破译的文字，只有一块雕花蛇纹石和一些玉石上凿写有象形文字，但这些目前都还未能破译。很可惜，我们无从知晓他们如何称呼自己，因为"奥尔梅克"这一称呼其实更多指的是之后在这片土地上生活的、有历史记录的居民。由于缺乏书面记录，考古学家们不愿意对他们说的语言或者可能说的语言进行专业的推测。不过近几十年来，语言学家却在这个问题上取得了重大进展。他们的研究指向了米塞-索克语系的一种远祖形式，证据之一是今天生活在奥尔梅克遗迹区域或者附近区域的数千名农民，也就是波波卢卡人，仍然在使用该语系中的某种语言。当耶鲁大学在圣劳伦索的奥尔梅克遗址进行挖掘时，一位波波卢卡族的巫师常出现在周六晚的派对上。此外，在很多其他中美洲的语言中都曾发现具有明显文化特征的米塞-索克外来词汇，比如关于纸张和柯巴脂香的术语。现在人们普遍认为这些词汇是从拥有高度文明的、说米塞-索克语的奥尔梅克人那里借用的，并认为他们当时在其文明发展的巅峰时期影响了一些欠发达文明。

"可可"一词恰巧也是其他民族从米塞-索克语中借来的一个外来词汇，原来念作"卡卡瓦"（*kakawa*）。语言学家特伦斯·考夫曼（Terrence Kaufman）

奥尔梅克文明（前 1500—前 400）的巨大石制头像。奥尔梅克人可能是第一个使用可可制作巧克力的民族。

和约翰·加斯特森（John Justeson）将"卡卡瓦"一词认定为公元前 1000 年以前的词汇，即奥尔梅克文明在圣劳伦索达到鼎盛时期的语汇。[1] 基于这点，大概可以得出一个合理的推论，即奥尔梅克人是最先开始种植可可的民族，或者至少是他们首先发明了巧克力的生产过程。但由于可可树和奥尔梅克人一样都喜潮湿的热带雨林环境，而这样的环境又是最不利于考古保存的，因此曾有人认为除非奥尔梅克遗迹里能出现大石碑，上面有关于可可树或者可可豆荚不可辩驳的描述，否则我们只能排除考古学方法，转而以历史语言学作为我们唯一的资料来源。而现代化学分析已经证明，这种悲观的判定为时过早。

可可中含有三种生物碱，其中最重要的两种依次为咖啡因和可可碱。此外，可可树还是中美洲唯一含有这两种生物碱的植物。2006 年，好时食品技术中心的化学家 W. 杰弗里·赫斯特（W. Jeffrey Hurst）已经表明通过液相色谱法的质谱联用可以检测出，从古瓷器内部刮下来的样品中含有这些具有鲜明特征的物质。[2]实验结果轰动一时：原来巧克力含有一种古老的物质，这种物质的存在时间可以追溯到距今 3800 年前，比圣劳伦索的奥尔梅克文明还要早。

这样看来，中美洲定居村落文化起源的主要地区并不是海湾沿岸的那些低地，而是太平洋沿岸的恰帕斯平原（位于墨西哥东南部）和相邻的危地马拉。这片古老的索科努斯科地区气候炎热、土壤肥沃、水资源丰富，阿兹特克人和西班牙殖民者都从这里收获了最好的克里奥罗可可豆。新大陆考古基金（New World Archaeological Foundation）挖掘出来的古迹显示，中美洲最早的陶器文明，即考古学家所谓的"芭拉"（Barra）的文明，拥有非常先进的陶瓷工艺，产生了很多精美繁复的无颈陶罐。它们的工艺十分精湛，肯定不只是炊具，而是用来盛放贵重的饮品。这里的村民主要依赖附近海湾里的鱼类、贝类和软体类动物为生，并在低洼地里进行简单农耕——种植玉米类农作物。通过放射性碳测定，该文明存在于公元前 1800 年到公元前 1400 年之间，早于奥尔梅克文明，但芭拉文明已经非常成熟。芭拉文明不仅拥有了精湛的陶艺技术，更令人惊讶的是他们已经知道如何生产巧克力。最近，从一片芭拉无颈陶罐碎片的检测中已明确证实了可可碱的存在。[3]

如此，巧克力的起源和最初的传播可能是如下情境：首先，我们几乎可以肯定可可树起源于亚马孙河盆地的西北部，一开始人们多半是将其视为野生果树，进行采摘，并最终因其美味的果肉而进行人工栽培。接着人类把可可树从厄瓜多尔传播出去，可能是沿着海岸贸易线一直到达了恰帕斯州索科努斯科地区。而在公元前 1800 年左右，索科努斯科地区的创新者们发现了把种子制作成巧克力的复杂方法。有大量证据可以证明，索科努斯科地区像奥尔梅克中心地带一样，一直是说米塞-索克语的，一直持续到 15 世纪阿兹特克入侵之后。

可可植株、巧克力的制作流程以及"卡卡瓦"这个单词可能从那里起一路向北，穿过特万特佩克地峡，到达墨西哥湾和他们说同一语系的地方。考古者卡门·罗德里格斯（Carmen Rodríguez）和庞西亚诺·奥尔蒂斯（Ponciano Ortiz）在距圣劳伦索东南方仅 17 公里（约 10.6 英里）的马纳蒂（El Manatí）水下遗迹曾发现一只石碗，石碗的所在地层可以追溯到公元前 1350 年。此后，好时实验室在此石碗中检出了可可碱成分。[4]而不久之前，在圣劳伦索当地的奥尔梅克大区出土的陶瓷碎片中也都同样含有这种重要的化学物质。承蒙中美洲第一城市圣劳伦索为中心的奥尔梅克王国的巨大权力和威望,巧克力以及它在米塞－索克语里的单词"可可",被中美洲其他新兴文化逐渐接纳,并最终出现在玛雅文明中。

从伊扎潘文明到古典期玛雅文明

著名的古典期玛雅文明将奥尔梅克文明延续了几个世纪,并在公元250年到9世纪达到全盛,而在那之后就发生了灾难性的"古典玛雅文明衰落"(Classic Maya Collapse)。学界认为,古玛雅人的祖先在公元前1000多年就已经进入了危地马拉北部的佩滕(Peten)低地和尤卡坦半岛。和同时期生活在墨西哥湾平原的奥尔梅克人相比,当时的他们还是非常原始的农耕者。在那之前,他们似乎和数百万玛雅人一样,生活在危地马拉凉爽的高地和墨西哥恰帕斯州。在这些区域,即使有可可存在,也是舶来品。到了公元前800年,即所谓的前古典期中期,在低地生活的玛雅人已经掌握了建造大型神庙的工艺,他们以石灰岩为材料,而不是像奥尔梅克人那样使用陶土和黏土。玛雅人在很多事情上都深受奥尔梅克人的影响,其中一桩可能就是饮用巧克力。最近在伯利兹北部较小的科尔哈(Colhá)遗址中出土了一些别致的敞口陶瓶,科学家在这些公元前600年的陶瓶里检测出了可可碱成分,这可能是玛雅文明地区最早证明巧克力存在的证据。考古学家特里·波伊斯(Terry Powis)认为,这些长长的瓶嘴可能不仅仅用于倾倒液体,还可能是为了让液体倒出来的时候可以起泡,这种巧克力泡沫在当时大受中美洲贪杯者所爱。[5]

在米塞－索克语的"可可"一词以及巧克力制作流程传播到玛雅的过程中,有一个起源于奥尔梅克的文明起到了至关重要的作用,这就是被考古学家称为"伊扎潘"(Izapan)的古文明。这是存在于玛雅文明前古典期后期的文明,他们的文化和比他们更古老的奥尔梅克文明一样,通过土丘型的祭祀神庙得以保留。此外,他们的石雕表现出很鲜明的叙事风格。伊扎潘风格的遗迹,静静沉睡于恰帕斯州索科努斯科地区中部,在那里巧克力的诞生似乎又早了一千年。后来，伊扎潘文明向东南方传播到了太平洋沿岸和危地马拉山麓，向北穿过特万特佩克地峡抵达墨西哥湾海岸平原。看起来在迈向玛雅文明古典期的几个世纪里，危地马拉高地和北部低地的文明受到了强烈影响。

在这里要提到《波波尔·乌》（*Popol Vuh*），又名《议会之书》：该书中记载的重要故事最早可以追溯到前古典期后期的伊扎潘，特别是有些故事还出现在伊扎潘人雕刻的叙事石碑上。《波波尔·乌》这部伟大的作品是危地马拉高地基切玛雅人的圣书。当时的居民在被西班牙人占领并征服后不久就记录下了这些伟大的故事。这些故事中，几对双胞胎神祇的故事尤其值得我们关注，因为正是他们的故事详细记载在《波波尔·乌》一书中，并由伊扎潘人雕刻在叙事石碑上。

简单说来，第一对双胞胎是创世夫妻的孩子，他们英年早逝，在玛雅文化的地府世界希泊巴（Xibalbá）被恶魔砍下了头颅。这对不幸的双胞胎（现在是众所周知的玉米之神）中一个人的头颅被挂在一棵树上，这棵树在故事里名为葫芦树，但在玛雅文明古典期的花瓶上却被画成了可可树的样子。有一天，希泊巴首领的女儿向这个断头举起了手，却因此神奇地怀孕了。她因此被驱逐到地面上，并最终生下了第二对双胞胎神祇，英雄乌纳普（Hunahpú）和斯巴兰克（Xbalanqué）。在大力神赫克琉斯的指引下，这对双子英雄勇闯恐怖地狱希泊巴，接连打败迎战的妖魔鬼怪，并完成了他们最终的任务，也就是复活他们被残忍杀害的父亲——玉米之神。这件事完成后他们飞升至天上变成了太阳和月亮。这个故事基本上就是以象征性的手法描述了玛雅、中美洲人的主食——玉米的埋葬（也就是种子种植）、生长、结果的过程。

根据我们现在已得到的资料，

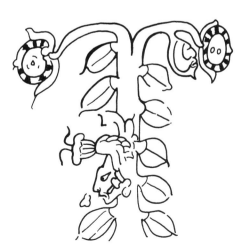

一只玛雅文明古典期花瓶的局部细节，描绘着玉米神的头悬挂在可可树上。

可可在《波波尔·乌》一书中出现了好几次，但是当时可可在人类饮食结构中还没有那么重要。在该书的后半部分，众神创造人类的最终形状（之前尝试过几次，都失败了）时需要考虑选择何种食物来塑造人类的形体，最后他们在营养山发现了合适的食物：

> 众神很高兴能有这座美好的山为他们提供粮食储备，山上遍布着芳香甜美的食物，漫山遍野的黄玉米、白玉米、二色可可、干可可以及数不清的人心果、番荔枝、红酸枣、南希果、香肉果、甜果——丰富的食物充满着被叫作横断之地、苦水之地的大本营，所有可食用水果都在那里：大小作物和植物。[6]

阿兹特克人也有一个类似的神话故事——人类生存所必需的农作物藏在一座山里，只有依靠神的力量才能把这些农作物搬到地面上来（在阿兹特克人的神话里，伟大的羽蛇神指挥蚂蚁把玉米种子搬到地面上），这简直像是"大糖果山"童话的远古新大陆版本。

《波波尔·乌》一书中关于可可用途的描述本身就比较含糊，后来人们发现在西班牙征服新大陆之后的一些史料[7]中提到，一个叫乌纳普（正是前文提到的双子英雄之一）的人发明了用可可制作巧克力的工序，这就让大家更加糊涂了。尽管这一说法在某些史料中确有记载，但《波波尔·乌》一书中却找不到这个故事。由此也可以知道，现存于世的《波波尔·乌》一书并不是完整版本，至少不是玛雅人所熟知的版本。更让人疑惑的是，后来这对双子英雄的名字变成了当地政治领袖爱用的名字，比如在文艺复兴时期和近代欧洲出现的名字"赫克琉斯"和"赫克托"。再比如在本书的主要参考文献里提到的"乌纳普"，其实指的是生活在危地马拉高地的早期基切玛雅人领主，很难想象这个领主会去指导低地人怎么种植他们生活里其实司空见惯的植物。当然也许他有一些特殊的技巧，并且以此树立了威望，这威名还一直延续到了殖民时期。

森林之主：古典期玛雅文明

当伊扎潘人在发明那些构成中美洲低地文化的主要元素，诸如象形文字、日历和祭祀雕刻的时候，玛雅文明，一个以双子英雄为神话核心的、以提炼可可作为高端饮料的卓越文明，正活跃在北危地马拉和南尤卡坦半岛的森林里。公元 250 年前后，生活在低地的玛雅人开始进入繁盛的古典期。若干玛雅城市随着高耸的石质金字塔型祭祀神庙如雨后春笋般出现，一些激进的城邦热衷于不断征战邻国，消灭他们的国王和皇族。一直到 9 世纪，玛雅文明开始衰落。这些首都和宫廷见证了艺术与建筑的兴起，其宏伟和辉煌的程度，让人不由得想到古希腊时的城邦和文艺复兴时期的意大利。即便是这些城邦之间几乎一直在进行两败俱伤的战争，但保留下来的宏伟神庙与宫殿、石雕、墙画、美丽的玉石以及精美雕绘的陶器，无不一一证实了这段黄金时代丰美的艺术和物料。

在新大陆被征服前，象形文字只有中美洲人在使用，并在玛雅文明时期达到了顶峰。最近的碑文研究表明，他们可以用书写体系表达任何存在于他们语言中的事物，这种书写体系部分表音（有表达完整音节的符号），部分表义（有表达意义单元的符号）。在他们书写的这些文字中，就有可可的存在。古玛雅人是真正的"书之民族"，但令人悲伤的是，因为他们用易腐败的树皮纸书写，所以目前存世仅有四本，且这四本书还都不是古典期的著作，而是写于后古典期向西班牙殖民期过渡的时期。在古典期城邦的廷藏书馆里一定有数千本这样的书籍，但是这些书有的湮灭在了 9 世纪古典玛雅文明衰落中，有的毁在了西班牙宗教法庭的熊熊烈火里。

这些幸存的折叠屏风式书籍中最美丽的是德累斯顿抄本（Dresden Codex），在时间上它属于前殖民期非常晚期的作品，但是却具有古典期风格的书法，以及从古典期流传了几个世纪的天文学等学识。由于俄罗斯碑铭研究家尤里·V. 诺罗索夫（Yuri V. Knorosov）在 20 世纪 50 年代的突破性研究成果（他"破译"了手绘本上的表音文字），我们现在已经能读懂该抄本的大部分内容。[8] 德累斯顿抄本中有几章讲述了和玛雅人 260 天的卓金历法相关的祭

祀活动，其中可以看到坐着的诸神手握可可壶或者拿着堆满可可豆的盘子，在诸神的上方写着文字说明，明确说明他们握在手里的是"他的可可［*u kakaw*］"。卓金历的新年祭祀活动在后古典期的尤卡坦半岛尤为重要，德累斯顿抄本中就有关于新年祭祀的一页，描绘了负鼠神背着雨神穿过神圣之路到达城镇的边缘，而附注的文字说明告诉我们，"可可是他的食物［*kakaw u*

德累斯顿抄本中的一页：新年祭祀仪式中，负鼠神背着雨神。附注文字表明要以可可供奉两位神祇。

hanal］"。

与此同时，可可也出现在马德里抄本（Madrid Codex），相较于德累斯顿抄本，马德里抄本的艺术性要逊色许多。书中有这么一个场景，一位不知名的年轻神祇抓住可可树树枝蹲坐着，在他上方飞翔着的凤尾绿咬鹃嘴里叼着一只可可壶；在相关文字说明里，也确认有类似"*kakaw*"的表音结构。而马德里抄本最后的附注页里，描绘了四位神祇用黑曜岩刀刺穿他们自己的耳朵，神圣的血液四散溅到可可壶上。这个情境非常有意思，因为人类学的专家告诉我们，在玛雅文明后古典期和阿兹特克时期，巧克力和人类血液有着很强烈的象征性联系。[9]马德里抄本的另一章也很有趣，其中讲述了远行的商人和他们的神祇的故事。各位读者之后会读到其中最重要的一篇文章，讲述的是商人如何进行可可买卖的，尽管马德里抄本并没有提到特定的贸易商品。当然，要是玛雅人当年像其他文明一样，曾经用树皮纸的形式记下关于可可买卖的清单、账目或者甚至配方，这些文档多半也是无法在适合可可树生长的环境下幸存的。

再往回追溯到古典期，唯一能证明当时玛雅人食用可可的书面记载是那些从贵族阶层的墓穴里发掘出来的陪葬器皿，都有着精美绘画或者雕刻。即便普通玛雅人买得起可可，我们也无从得知他们是如何食用可可的。种植可可的农民为可可树建起围墙、灌溉它们，

（上）马德里抄本中的一页：描绘了玛雅神祇的鲜血溅在可可壶上。根据图示说明，焚香和可可豆可作为贡品供奉神祇。

防止它们被松鼠、老鼠和猴子们啃食，但我们不知道他们能否最终获得一杯美味的巧克力。

玛雅贵族阶级生前纸醉金迷，死后也极尽奢华。贵族的葬礼仪式极其宏大，死后会有大量的陪葬品来供奉他们死后的生活。他们穿着特制的长袍和豹皮衣，带着苹果绿的玉石项圈和手镯，身体躺在床上或者担架上，四周燃着松巴脂香，还伴随着海螺壳、木制小号碰撞和敲打海龟壳声的音乐。身体附近陈列着陶盘、陶碗、圆形陶罐，其中圆形陶罐用来盛放食物和饮料，供统治者或贵族或其妻子在死后享用。这些历史现在之所以能大白于天下，是因为我们能读懂或理解发掘出来的器皿上大量的象形文字。人们曾经认为（或至少20世纪最具影响力的玛雅文化专家埃里克·汤姆森［Eric Thompson］先生这么认为）陶器上的内容是毫无意义的，它们仅仅比装饰深刻一点，是不识字的玛雅农民艺术家画上去的。近几十年，这个观点已被证实是完全错误的，有以下两点佐证：第一，正如我们看

（下）古典期玛雅文明的玉米神雕刻在一只碗上，呈现出可可树的模样。这只碗现存于华盛顿的敦巴顿橡树园收藏馆。此神名为 *Ixim-te*，又叫"玉米之神"。

一只出土于危地马拉北部的 8 世纪花瓶。花瓶上描绘了玛雅王端坐于皇宫中，端着火炬，表示描绘的是夜晚的场景。王座之下有一个用来盛可可饮料的长颈瓶和一只带黑曜岩镜子的碗。

到的，这些文字毫无疑问是有意义的；第二，书写这些文字的艺术家隶属于玛雅社会最高阶层，和那些撰写、绘画书籍的精英人士一样。[10]

这些器皿上最常见的文字被称为基础标准序列（Primary Standard Sequence，简称 PSS），这是一种制式化的序列或者图案花形，其顺序不会产生重大变动（但书写者在实际雕刻时，可能会替换个别符号）。当年轻一代碑铭研究家开始研究 PSS 序列的时候，揭开了其中的部分奥秘。这段文字序列通常从一段将器皿进献给保护者或者神祇的措辞开始，接下来会用一个或者多个象形文字描述器皿的形状（盘子、三角碟、大碗或者陶瓶）。然后，执笔者开始说明容器表面使用的技法是绘画还是雕刻，最后还偶尔会署名。写完这些之后，执笔者才开始在器皿上撰写正文，这些内容被碑铭研究家芭芭拉·麦克劳德（Barbara McLeod）称为"配方"（the recipe），这是后话，在此且按下不表。PSS 文字序列均以一个人的名字结尾，并冠以很多贵族头衔，这显然就是器皿的进献对象了，器皿多半是献给他 / 她用于将来的陪葬。

现在我们再仔细看看"配方"的段落。如果器皿不是浅碗或者盘子（这些基本可以肯定是用来盛玉米面包或者其他固体玉米食物的），而是长颈瓶或者又深又圆的碗，这段"配方"象形文字就会出现在 PSS 序列里。第一段被解码的"配方"，正是描述"可可"的象形文字。这是天才碑铭研究家大卫·斯图亚特（David Stuart）的成就，他早在 8 岁起就开始研究玛雅铭文了。斯图亚特看到的这个"配方"画着一条鱼，鱼的前面是个像梳子一般的图案。我们已认定这个梳子形状的图案为表音字符 *ka*，最后则是以 *-w* 的表音字符结尾。证据表明"鱼"其实是"梳子" *ka* 发音的替代符号（梳子的形状其实是一片鱼鳍），所以整个图案的发音就是 *ka - ka - w*，也就是"可可"（cacao）。需要附带说明的是，正是基于这项研究成果，学界确认后古典期手抄本里的可可一词。这个表音复合词在玛雅长颈瓶上的 PSS 文字图案里无处不在，因此可以假定，这些器皿都被用于玛雅宫廷的巧克力生产和消费。至于具体使用这些器皿的场景，我们将在之后的章节中展开叙述。

46

在考古学家至今所发现的古典期玛雅文明的宏伟墓穴之中，有一座 1984年于阿苏尔河（Río Azul）遗迹发现的墓穴，该墓穴位于危地马拉贝登省东北角的一座中等大小的玛雅城市。证据表明，这个墓穴埋葬了大量用来饮用巧克力的器皿。在 5 世纪后半叶，某位中年统治者的遗体被安放在该墓穴中，静静躺在铺着木棉床垫的木质床铺上。在他的床铺边，送葬者摆放了 14 个陶器，包括 6 个带瓶盖的三脚长颈瓶，其中一些器皿内部有一圈污渍痕迹，这说明它们曾经盛放过一些深色的饮品。这些器皿之中有一个非常少见的带拧盖的提梁罐，这个奇怪的容器经过粉刷，表面画着 6 个漂亮的巨大象形文字，其中两个字就是"可可"。

古典期玛雅文明器皿上的基础标准序列（PSS）文字（上图）：a, b, 进献的象形文字；c. "饮水容器"；d. 可可的象形文字。

古典期和后古典期玛雅的可可象形文字比较：
古典期陶器（左图）；德累斯顿抄本（右图）。

危地马拉里约阿祖尔遗迹的一个墓穴里出土的三脚陶罐，陶罐表面有粉刷和绘图；时期约为公元 500 年，玛雅文明古典期早期。该陶器曾用来装巧克力饮料；陶器的罐盖上绘制着意为"可可"的象形文字。

根据大卫·斯图亚特和史蒂芬·休斯顿（Stephen Houston，另一位年轻的碑铭研究专家）的研究，这段文字可以翻译如下："用来饮用 witik 可可和 kox 可可的器具"。目前还无法确定文中的 witik 和 kox 指的是什么，可能指的是不同风味的巧克力饮品。[11]

到目前为止，这些证据都还仅限于象形文字的研究领域。但是当阿苏尔河遗迹出土的几只完好的器皿送去实验室后，科学家从那个带拧盖的提梁罐里检测出了可可碱和咖啡因，在另外两个长颈瓶中也确定了可可碱的痕迹，另一个可能有可可碱，最后一个则完全没有检测出含有任何生物碱。测试分析的结果进一步证明了斯图亚特对陶罐上古代铭文的破译是正确的，那个已逝的贵族一边享用着各种巧克力饮品，一边展开了他在极乐世界的旅程。

位于洪都拉斯科潘省的一个规模较小的玛雅遗迹，当年一个名为亚克库莫（Yax K'uk' Mo'）的异乡客在这里建立了一个延续了五个世纪之久的王朝，他在位的时间是公元 426 年到公元 437 年。在多次重建的国家神庙地底，人们发现了这位统治者深埋其下的墓穴，在他的贡品之中有一只小鹿形状的陶制器皿，经检测曾经盛放过液体巧克力，而另一只贝壳制勺子曾经被用来舀过可可粉。[12]

当然，科潘当年曾是王城，但即使是距离王城遥远的村子里，似乎都曾在玛雅古典期早期接触过可可和巧克力。在大约公元 595 年，萨尔瓦多北部中心地区的火山爆发，厚达 4 至 6 米（约 13 至 20 英尺）的火山灰覆盖了名为塞伦

（Cerén）的玛雅村庄遗迹，那里成了新大陆的庞贝。科学家在当地一个家庭里发现了生活用的可可豆，而其附近的果园里还保存至今还开着花的可可树，树干笔直如昨。[13]

到了古典期后期（公元 600 年以后），人们已经开始用各种高高矮矮的长颈瓶来盛放或备制巧克力饮品。有一只约 8 世纪出土于贝登中北部的纳克贝（Nakbe）地区的绝美花瓶就是例证，现珍藏于普林斯顿艺术博物馆。陶器上描绘了两个场景：左边是两个戴着面具的恶魔，它们正在砍下第三个人的头颅，遇害者可能是双胞胎英雄的父亲；而右边是一座地狱宫殿。这两个场景由一群宫女连接，其中一个宫女正在轻轻踢她身边的同伴，提醒她看砍头的场景。

其实，让人感兴趣的不是这些宫女，甚至都不是端坐王冠之上的贸易守护神（Merchant God，玛雅文明专家称为 L 神），更不是王冠之下忙着写书的兔子写字员，而是站在右边的宫女，她正小心翼翼地将一种深色物质从一个小长颈瓶倾倒到入更大的陶瓶里（见右图）。

48

这是目前已知的最早的关于巧克力饮品制作的图片，它还描绘了将巧克力从一个瓶子里倒入另一个瓶子里从而使其充分起泡的过程。我们认为这种带泡沫的巧克力饮品是阿兹特克人最欢迎的饮品，应该也深受古典期玛雅人的喜爱。在玛雅文明后期，这种饮品依然非常受欢迎，比如在尤卡坦，早期的殖民地玛雅语词典里就有"yom cacao"一词，意思是"巧克力泡沫"；还有

玛雅文明后古典期（约 750 年）的普林斯顿陶瓶：该场景描绘的是在一个宫殿中，一位女性将巧克力从一个器具里倾倒到另一个器具里。这是最早关于巧克力起泡流程的描述。

"*takan kel*"一词，意思是"充分烘烤可可使它可以起很多巧克力泡"；以及"*t'oh haa*"一词，*haa* 既表示巧克力又表示水，而 *t'oh* 是指把液体从一个较高的瓶子倒入另一个瓶子里——正是上文提到的宫女的动作。现代世界的人们依然有在巧克力里加泡沫的习惯，但基本上都是利用外部材料起泡，比如用生奶油或者棉花糖，而不是像古代人那样利用巧克力本身来发泡。

　　我们并不能就此武断地认为玛雅人或者阿兹特克人只制作这么一种巧克力饮品。即使使用同样的原材料，他们也完全有能力根据个人品味调制出各种不同的饮品，就像现代社会那些最具创意的大厨们一样。在前殖民时期，巧克力并不是像白开水那样简单饮用的单一饮料，而是更复杂的"鸡尾酒"：燕麦粥、麦片、粉末以及其他小料，都可以给这杯"鸡尾酒"带来别样的风味。将在本书第三章进行详细说明。

　　部分调味小料在玛雅文明古典期的著作里也有提及。我们之前已提过，在阿苏尔河的带拧盖的提梁罐上就写有两种风味小料（但我们只知其名）。而史蒂芬·休斯顿曾在雄伟的玛雅城市彼德拉斯内格拉斯（Piedras Negras）的门梁上辨认出一句话："辣味可可"（*ik-al kakaw*）。[14] 在西班牙殖民时代前夕，阿兹特克人常用辣椒粉给巧克力调味，这点也确实在情理之中，因为辣椒粉赋予了饮品一种让人愉悦的灼热口感。此外，休斯顿和大卫·斯图亚特都非常确定，在一些 PSS 文字序列里有提到一种叫作 *itsim-te* 的巧克力调味料，多半是从同名的小树上提取的。这种树为大青属，据词典记载，殖民地时期生活在尤卡坦半岛上的玛雅人曾用这种树的部分提取物来改进煮粥和炖红薯的风味。[15] 最后，古典期陶器上的可可象形文字前面，经常加有一个前缀符号，发音为 *yutal*，这词的意思可能类似于"水果味的"。可我们仍不确定这究竟是一种风味，抑或是一种特殊种类的可可。PSS 文字序列仍然有许多待探明之处。

　　古典期玛雅文明的墓穴里有一种半圆形的土碗，这种碗是仅有的两种在玛雅象形文字中有命名的容器之一。玛雅人显然喜欢用这种土碗来保持饮品的低温。尽管我们不知道古典期的玛雅贵族喜欢饮用什么温度的巧克力，但考虑到他们精湛的厨艺，多半是有凉有热，甚至是任意温度（前殖民晚期和殖民地时期的尤卡坦玛雅人似乎更偏爱热巧克力）。根据 PSS 文字序列显示，这种土碗通常是用来盛放一种白色玉米提取液，这种液体名为 *sak-ha* 或者 *ul*，在尤卡坦的玛雅人中广泛用于宗教供奉仪式。*sak-ha*，字面含义是"白色的水"，由未经碱液煮泡的成熟玉米制成，而 *ul* 则由新鲜小玉米做成。这种饮品在英语里大概应该叫作"玉米粥"（grules），但是这个名词和这种物质都早已从我们的厨房文化中淘汰了。但在殖民地时期，这种富含淀粉的饮品在大西洋两岸都十分常见，入侵的欧洲人对这种玛雅饮品很是喜爱，很快就被接纳并广泛饮用了，并成为给病人进补的佳品。对玛雅人而言，这些玉米粥又好吃又好做，不仅能快速提供每日所需的能量，还无须花费柴火和人力把碱液煮泡过的玉米做成面包的固体食物。和巧克力一样，在已消失的玛雅文化中，并没有一个玉米粥的标准化配方，他们通常会加入干胡椒、香草、甜料、可可，或者把这些配料搭配起来加进玉米粥里。

几乎所有玛雅文明古典期的人们食用可可的书面证据和化学迹象都是在危地马拉北部的贝登发现的，可是那里鲜有可可种植。他们食用的可可很可能来自危地马拉太平洋沿岸的平原和恰帕斯区域，也就是殖民地时期晚期的传统可可种植区。在公元纪年开始后的最初几个世纪，在距离现代危地马拉城西南约 74 公里（约 46 英里）的平原上，巴尔伯塔人建造了巨大的建筑平台。几个世纪之后，在玛雅文明古典期早期，巴尔伯塔人开始在这个人造大平台上建造房屋，这个平台最初的功能是什么还不为人知。但我们发现这些房子有个细微的共同点，就是每座房子都有四个瓮，分别埋在房子的四个角落——这是典型的中美洲传统，因为这四个方向正是基于他们对于宇宙的构想。

考古学家在其中一个瓮里发现了一些残留物质，看上去像是保存完好的可可豆，考虑到太平洋平原潮湿又炎热的气候，这些可可豆能够完好地保存下来简直是个奇迹。目瞪口呆的考古学家随后把这些物质寄给危地马拉当地的专家，经专家鉴定，这种物质为克里奥罗品种的可可豆。但当这些豆子被寄到美国鉴定时，意想不到的结果发生了，一位古植物学者发现这些完全不是真的可可豆，而是精巧的赝品，每一个都是由当地陶土精心制作而成——甚至还考虑到了普通可可豆和克里奥罗品种可可豆的个体差异！[16]

我们无从得知耗费时间制作这些赝品的意义。难道是他们为了向神明供奉永不腐烂、永不衰败的可可豆？还是可可豆的实物昂贵到值得费那么大力气做这些陶土模型来替换？西班牙编年史的编撰者有可靠证据证明，中美洲人在仿制可可豆方面非常在行，所以，可能这才是正确答案。

在这些建筑附近发现的其他碎片也为可可豆的历史给出了提示。在这附近发现了很多黑曜石（玻璃质火山岩）碎片，而黑曜石在巴尔伯塔附近的自然环境中是不存在的，尽管危地马拉高地确实有黑曜石的踪迹。对于一个缺少金属的社会来说，黑曜石是很有用的替代品，它可以被用来制作匕首和刀片，制作成品的锋利程度可以媲美任何剃刀。但毫无疑问的是，在存放仿制可可豆贡品的瓮里所发现的黑曜石，并不是危地马拉出产的那种黑色的或者灰色的岩石，而是产自几百英里之外的墨西哥高原的帕丘卡地区附近矿场里的绿色黑曜石。不仅仅是这些原石，巴尔伯塔人在使用的一些用黑曜石加工而成的投掷箭头，也是出自前哥伦布时期新世界最雄伟的城市——特奥蒂瓦坎城（Teotihuacan）。在玛雅文明古典期早期（一直到大约公元 600 年），特奥蒂瓦坎城统治了墨西哥河谷以及中美洲的大部分地区。显而易见，当时的特奥蒂瓦坎人和危地马拉太平洋海岸地区有着广泛的贸易往来。很可惜，我们只知道哪些东西曾经从墨西哥进口到危地马拉，却无从得知从危地马拉到墨西哥出口过什么。无论危地马拉出口到墨西哥的是什么东西，它一定是极易腐烂的，我们倾向于认为这种易腐烂的物质就是可可豆，因为史料表明，可可豆在巴尔伯塔确实存在，并且对于巴尔伯塔人甚为重要。

与特奥蒂瓦坎密集贸易的证据同样也出现在其他太平洋沿岸地区，其中大半是特奥蒂瓦坎陶器。在埃斯昆特拉（Escuintla）镇附近，掠夺者发现了几百只沙漏型陶制带盖香炉，盖子上雕着可可豆荚的图像，好像还能看出来是克里奥罗品种。这些香炉是纯正的特奥蒂瓦坎风格，尽管它们可能是本地制造的。[17]也许是由于保存环境恶劣，特奥蒂瓦坎城并没有发现可可的痕迹，但是这里出土的一只陶瓶碎片上雕刻了这样的图案：一位吹箭手，可能是前文提到的双胞胎英雄之一，正在吹箭射击栖息在可可树上的小鸟。

古典期玛雅文明的迟暮

关于玛雅文明古典期生活的详尽记载在公元 800 年后逐渐消亡。9 世纪末，各个城邦的政治、社会和祭祀活动都相继停止，数以百万计的玛雅人离贝登而去，向北迁徙到尤卡坦，向南迁徙到高地，遗弃他们繁荣的文明城邦，转而居住到密林之中。这场灾难，被称为古典玛雅文明的衰落。这场灾难的诱因是人口过剩和严重的自然环境恶化，继而在南部低地产生了蝴蝶效应。幸好这场文明衰落并未波及所有城市，几个幸存的区域在此期间依然欣欣向荣，这段时期被称为后古典期。后古典期的城邦有：尤卡坦半岛西北部的普克、尤卡坦半岛中部的乌斯马尔、卡巴和奇琴伊察，这些大城市在古典玛雅文明的衰落中幸存了下来，掀起了一场文化复兴。

要了解后古典期发生了什么，以及可可在后古典期的故事，关键要了解的地区是塔巴斯科东部的琼塔尔帕（Chontalpa）区域。这是一片由蜿蜒曲折的河流、沼泽和冲积平原组成的土地，也是琼塔尔玛雅人（Chontal Maya）的家园。琼塔尔人也被称为普顿人（Putún），他们靠惊人高产的可可和广泛的贸易行为变得富有。在西班牙殖民时期，或甚至是更早的时期，普顿人就控制了整个沿海的独木舟贸易网络，参与贸易的海岸线从尤卡坦半岛北部的琼塔尔帕地区一直向南延伸到洪都拉斯海湾附近的贸易中心尼妥和纳科；而可可，正是支撑这庞大贸易网络的商品，同时也是交易的货币。[18]

作为中美洲的优秀中介商（埃里克·汤姆森曾经称他们是"新世界的腓尼基人"），活学活用的普顿人从那些来自墨西哥中部商业地区的、说纳瓦特语（Nahuatl）的贸易伙伴那里学来了不少东西，甚至包括纳瓦特化的名字。在玛雅城邦濒临没落之际，穿着墨西哥服饰的人物形象开始被雕刻在石板上，特别是在沿河的大都市西贝尔（Seibal）城。西贝尔城毗邻贝登西南部的帕西翁河（Río de La Pasíon）。许多考古学家认为，来自下游的普顿入侵者顺流而上，利用古典期玛雅文明衰落后留下的政治真空乘虚而入，接管了旧玛雅时代的贸易线路。一个类似的玛雅—墨西哥混合文化开始成为尤卡坦地区的规范，特别是在奇琴伊察。

然而本书更关注一个叫作卡卡斯特（Cacaxtla）遗址的普顿人的商业和军事活动，该遗址位于墨西哥高地的特拉斯卡拉州，距离形成墨西哥河谷东岸的火山不远，地处火山的东南部。在一座既可以对普埃布拉平原运筹帷幄，又能够控制通往河谷地区利润丰厚的市场要道的山上，我们发现了辉煌的彩色壁画，它们带有独特的玛雅—墨西哥风格，鲜明的风格不得不让人联想到西贝尔的普顿玛雅雕刻。卡卡斯特遗址出土的一幅壁画描绘了年迈的、长着鹰钩鼻的玛雅战神——同时也是商人和可可种植者的守护神艾克·曲瓦（Ek Chuah，或叫 L 神）：他拎着行李，站在可可树前，背后背着巨大的背包。在该遗址其他壁画所描绘的场景里，一场残酷的大型战争正在进行，而另一边，平原诸英雄（也可能是神祇）身着玛雅—墨西哥风格的服饰，挥舞着玛雅贵族器具翩翩起舞。[19]

　　卡卡斯特的种种独特文化迹象应当如何解释呢？现在看来，后古典期是真正的"纷乱年代"。当王国陆续崩塌的时候，许多部落，特别是普顿人，开始大规模的迁徙。种种迹象清晰地表明：9 世纪初，一队激进的、充满商业头脑的普顿玛雅人已经杀出了一条从琼塔尔帕前往墨西哥高原的路，随后占据了曾经的特奥瓦华坎贸易要道，并在此建立起了一个商业帝国。据史料可知，他们的商业王国经久不衰，很久以后才被托尔特克人打败。虽然我们并不知道哪些商品可能从高地流传到琼塔尔帕及更远的地方，但是这些外来者肯定垄断了可可贸易，他们把可可从物产丰富的本土带到了寒冷的、缺少可可的墨西哥高原；与此同时，他们多半也从低地的雨林中带来了其他热带产品，比如巧克力调味料和异国的斑斓鸟羽。

⑤④ 托尔特克及后托尔特克时代

　　10 世纪，中美洲出现了一个全新的民族——托尔特克族。后世的阿兹特克人称托尔特克族为超人民族：他们在艺术方面有着超凡的能力与技巧。阿兹特克人还认为正是托尔特克人将其高度发展的文明传给了他们，他们最终取代托尔特克族成了墨西哥中部的统治者。托尔特克人不仅征服了普顿玛雅人（他们称普顿人为"奥尔梅加人"［Olmeca］，因此后人很容易与奥尔梅克人混淆

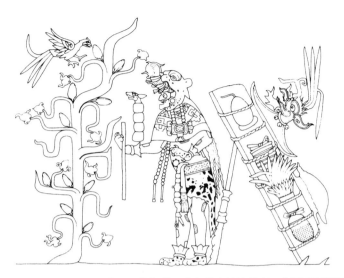

墨西哥卡卡斯特城 9 世纪的绘画描绘着玛雅贸易守护神艾克·曲瓦正在靠近一棵奇异的可可树。一只凤尾绿咬鹃栖息在可可树上，树的右边是神祇的背包和帽子。

起来）成为卡卡斯特区域的统治者，可能还曾穿过墨西哥湾，占领了整个尤卡坦半岛。他们的统治阶层盘踞在东部首府奇琴伊察，对这大片疆土运筹于帷幄之中。在后古典期，托尔特克人统治了大部分的中美洲地区，直到西班牙殖民者入侵为止。

研究表明，托尔特克人所统治的区域远远超出了中美洲北部边境，甚至越过了美国南部边境。该项研究中的波尼托镇（Pueblo Bonito）遗址坐落在新墨西哥州西北部半干旱的查科峡谷，代表了阿纳萨齐族（Anasazi）文明的鼎盛时期。波尼托遗址的这种"D"字型多层泥砖建筑存在于 860—1128 年，有大约 350 间房间。19 世纪末，西南考古学家的先驱者，乔治·佩伯（George Pepper）和理查德·韦瑟里尔（Richard Wetherill）取得了重大发现，在波尼托遗址的 28 号房里，有 111 只筒状陶瓶杂乱地堆放在一起，其他阿纳萨齐人的遗址很少发现有这种陶器。在随后近一个世纪里，人们一直在猜测这些陶瓶到底是用来做什么的。

这些陶瓶形状非常像玛雅人的长颈陶瓶，而考古研究又已经表明玛雅陶瓶

在波尼托镇发现的白底黑纹的圆柱形陶瓶，很可能是用来盛放巧克力的。

是用来装巧克力饮料的。考古学家帕特里夏·克朗（Patricia Crown）由此受到启发，把波尼托遗址出土的五块陶瓶碎片送给了好时健康和营养实验室的化学专家 W. 杰弗里·赫斯特（W. Jeffrey Hurst）。这些碎片中有三片的可可碱成分检测为阳性，两片为阴性，而检测出可可碱成分的碎片正是来自于28 号房间里的筒状陶瓶。考古学家由此得出结论：坐拥这套"豪宅"的阿纳萨齐贵族，在各种宗教仪式上有饮用巧克力的习惯。

很久以前我们就知道，中美洲奢侈品、祭祀物品的起源都可以追溯到阿纳萨齐族，比如铜铃、绯红金刚鹦鹉、银制品等。而我们最近才发现，经过加工的可可豆在中美洲的传播也起源于此。当时的托尔特克商人控制了这条漫长的贸易路线，并将可可豆出口到了这里。那么中美洲人民用来与可可豆交换、出口到南美的又是什么物品呢？答案是来自新墨西哥州和亚利桑那州古矿场的绿松石。在此之前，玛雅人和墨西哥中部人民都对这种石头毫无所知，但在贸易开展之后不久，绿松石就迅速取代了玉石成为当地最贵重的蓝绿色宝石，被用来装饰木制面具、盾牌以及镜子的反面。

现在看来，当年托尔特克人在美洲西南部地区"可可换绿松石"的贸易活动已经超出了查科峡谷，而且贸易范围在托尔特克统治结束后仍继续扩大。继考古先驱克朗和赫斯特两人在波尼托遗址所取得的研究成果之后，宾夕法尼亚大学的多萝茜·沃什本（Dorothy Washburn）所带领的团队在更遥远的地方发现了可可碱的踪迹——检出可可碱成分的陶瓶出土于亚利桑那州南部，是1300—1400 年间活跃于此处的古霍霍坎（Hohokam）文明的陪葬品。

被殖民前夕的玛雅

12 世纪中期，托尔特克霸权开始衰落，而他们位于墨西哥伊达尔戈州的西部首府图拉（Tula，又称 Tollan）也开始没落。人类学文献表明，这种异常的衰落起源于其内部的冲突和反抗。玛雅地区，尤其是尤卡坦低地，再次陷入了传统玛雅的政治模式，也就是小型的巴尔干式的政体，为争夺领土和贡品进行无休止的战争。在危地马拉高地，强大的敌对部落都纷纷坚称自己才是传说中遥远的图拉的正统继承人，这导致了不少边疆冲突，尤其是在基切人和卡克奇克尔（Cakchiquel）人之间。

这些部落战争的真正战利品，要么是最富饶的可可产区，要么就是力图与控制这些可可产区的种族建立有利的商贸关系。当时最大的可可产区是由普顿人控制的塔巴斯科州琼塔尔帕大区、太平洋沿岸的恰帕斯大区和危地马拉大区；危地马拉大区中，最核心的子产区则是位于火山高地山麓的水资源丰富的博卡哥斯达（Boca Costa）产区。这片太平洋领域最负盛名的产区是索科努斯科（Xoconochco，纳瓦特尔语词汇，西班牙殖民后改称 Soconusco）——由于索科努斯科产区出产的可可品质最优（一直到 19 世纪，此区出产的可可都被公认为全世界最好的），这块地之后成了阿兹特克军事和商业帝国争夺的主要目标。在前殖民期，争夺博卡哥斯达产区的战争从未停止，这甚至也是最著名的基切玛雅国王基卡布（Quicab）的主要军事目标。玛雅高地的部落不光是占领这些地区，被占领的本地居民还需要向他们的新领主进贡大量可可。

说回到玛雅低地。在殖民时期，琼塔尔帕大区就已经是优质可可的著名产区，直到今天，它仍然是中美洲唯一的重要商业种植园。一份 1639 年的殖民地资料告诉我们："本地区的商业是可可贸易"。再早四十年，在胡安·伊斯基耶多（Juan Izquierdo）主教写给菲利普二世的一封信中，我们还找到了这样的内容：

57

离这座城市 100 里格*之外有个叫作琼塔尔帕的省，那里盛产一种叫作可可的水果，这种水果在这个新西班牙国家里是非常珍贵的。这个省里的所有印第安人一直忙于增加他们的可可财产，以致他们有着丰富的物品和财富，所以他们大方地向统管他们的牧师们（传教士们）进献礼物。[20]

阿兹特克人称位于琼塔尔帕东部的一处说琼塔尔语的地区为"艾卡伦"（Acallan），也称为"独木舟之地"。艾卡伦人的田地里一年至少种植四季的可可作物，最主要的一季是从 4 月到 7 月。它的首府伊扎姆卡纳克（Itzamkanac）如同许多中美洲城镇和城市一样，分为四个区域：其中一个区域的神祇是艾克·曲瓦（也就是我们已经很熟悉的可可和商人的守护神）。在后古典期晚期，"商业"基本上就等同于可可贸易了。

而在尤卡坦半岛的可可树种植则受到了一些自然条件的限制。首先，这一地区的降雨量相对不足，且越向西北雨量越不足。其次，作为石灰岩喀斯特地貌平原，那里实际上并没有河流，也缺乏可可树生长所需的淤积土壤。只有在半岛东南部海岸的切图马尔海湾以及伯利兹河向南区域，才有可能大规模种植可可用于销售。然而由于可可在尤卡坦玛雅人的宗教及社会中占有极其重要的地位，所以他们无论如何都得在当地找到种植可可的方法。这个方法，就是开发湿润的、充满泥土的泥坑，当地人称之为溶井（cenotes，源自玛雅语dzonot）。在早年记叙过的 16 世纪尤卡坦历史的重要西班牙人物中，比如雷阿尔城的弗莱·安东尼（Fray Antonio de Ciudad Real）以及著名的（也是臭名昭著的）兰达主教（Bishop Landa），都提到过这些迷你种植园，兰达主教甚至把它们描述为"神圣的果林"。这些迷你种植园虽然看起来好像是富贵世家才拥有的私人财产，却从未结出过大量可可——安东尼明确表示，这些种植园的果树很少结果实。

最近，墨西哥植物学家阿图罗·戈麦斯－潘巴（Arturo Gómez-Pompa）及

---

*里格，长度单位，1 里格约等于 3 英里。——译者注

其同事 21 在尤卡坦半岛巴利亚多利德镇附近的溶井里，发现了可可树以及其他一些有用的物种。尽管尤卡坦半岛整体环境偏干燥，但这些溶井里却具有潮湿的微环境和富饶的土壤，为可可的种植提供了理想的环境。此外，他们还注意到一幅石绘。在奇琴伊察的猫头鹰神庙里，有一块绘有图案的压顶石，这幅石绘大约是 10 世纪时候的作品：它描绘了玛雅神考利（Kauil）——主司营养与皇族血统之神，正站在一只从溶井里伸出来的蛇爪子上，而可可罐正悬荡在溶井顶部。这个景象，显然是象征了"溶井种植"这种非常专业的造林形式。

索科努斯科和琼塔尔帕两地的可可种植业是用于商用的，相比之下，尤卡坦半岛的这些溶井种植园更像是土豪们的业余爱好——这就好比曼哈顿富人区顶楼的温室，悉心栽培着热带兰花和精致的西红柿。不用说，尤卡坦半岛对于可可的这种大量消费也是来源于货物贸易：尤卡坦从琼塔尔帕大量进口可可、黑曜石、铜、金子以及羽毛，同时出口盐、细棉布以及奴隶（大多是战争俘虏）。

许多关于巧克力的书籍都提到过，阿兹特克人曾经使用可可豆作为现金或者货币，但是他们却忽略了可可豆在整个玛雅地区甚至整个美洲都有类似功能。因此，很可能在更远古时期可可豆就已经作为货币使用了，但考古学界却对此没有发表过任何言论（虽然巴尔伯塔地区的"山寨"可可豆可能是重要的佐证）。根据编年史作者弗朗西斯科·德·卡尔德纳斯（Francisco de Cárdenas）22 于 17 世纪发表的著作，在琼塔尔帕，人们用可可豆作为现金购买家用小物品。而且从文献可知，在殖民以及前殖民时期，玛雅工人，特别是那些长距离的搬运工，在墨西哥的阿兹特克地区工作所得到的报酬就是用可可豆来支付的。

可可作为现金使用的最生动的描述，出现在 16 世纪早期的编年史作家弗朗西斯科·奥维耶多·瓦尔迪斯（Francisco Oviedo y Valdés）的著作中。著作记述了生活在尼加拉瓜的尼加拉奥民族（Nicarao）23，这个民族的领地范围略微超越了通常意义上的中美洲边界。在尼加拉奥民族中，一只兔子值十颗"果仁"，八个人心果（从人心果树上可以提炼口香糖）值四颗"果仁"，一名奴隶价值一百颗果仁，而妓女的服务，"根据他们双方最终的成交价"，价值八到十颗。从这些文字看来，毫无疑问，相似的货币单位也盛行于玛雅。

关于前殖民期晚期尤卡坦半岛饮用、调制可可的历史，兰达主教的著作中多有记述：

> 他们会用玉米粉和可可调制一种非常美味的起泡饮品，用来庆祝节日盛典；他们还从可可中提炼类似于黄油的油脂，并用这种油脂和玉米粉制成另一种非常美味的饮品，广受赞誉……[24] 除此之外，他们还会调制另外一种饮品，制作方法是烘烤玉米并磨碎，然后和水混合，成品非常提神，最后里面还会再撒上一些印第安胡椒粉（可能是多香果，香椒属的药用植物）或者可可粉。[25]

A. M. 托泽（A. M. Tozzer）教授，兰达主教文献的当代编辑，认为最后一种饮品正是今天所熟知的泛中美洲区域饮料——甜炒玉米粉饮品。

在玛雅人的宗教仪式和宴会酒席上，巧克力饮品起到了非常重要的作用。墨西哥高原的阿兹特克人和玛雅人生活在同一个时代，也有着相似的习俗，尤卡坦半岛的玛雅商人和贵族们因可可贸易而变得富有，他们不得不轮流举行类似北美的夸富宴，并在宴会上豪爽地散尽千金，馈赠礼物：

> 一次这样的宴会需要耗费多日贸易和交易所得。宴会为期两天：首先，举办宴会的贵族们和首领们，要求参会的嘉宾们都必须另行举办一场夸富宴。而作为宴会馈赠，每位嘉宾都会得到一只烤鸡、面包和畅喝的可可饮品。[26]

包括兰达主教在内的男修士们，都曾讶异于玛雅原始人居然有对男孩、女孩的洗礼仪式，难道在很久之前福音就已经传播到了这片荒蛮之地？这种洗礼仪式由高等祭司团主持，四名德高望重的长者代表查克（Chacs，雨神），站在四个角落里拿着绳子，把孩子们圈在里面。举办仪式的贵族拿着一根骨头，把骨头放到装满液体的容器里浸湿。这种液体据说是"自布满树林的山谷里或者是森林的岩石间采集的纯净之水，再将某种花朵和可可粉溶化在纯净之水里所得"。这名贵族把这种液体涂抹在孩子们的额头、脸颊以及手指和脚趾之间，全程都肃穆寂静。

尽管尤卡坦半岛上的这些溶井种植业在经济上并不重要，但人工栽培的尤卡坦可可仍然赢得了足够的尊重，以至于它都有了自己独特的仪式，就像兰达主教描述的那样：

> 到了玛雅太阳历第十五个月——磨安月的时候，拥有可可树种植园的玛雅人为商业守护神、雨神和生育神（Hobnil）举行庆典，这些神是他们祈求自然守护的媒介。庆典之时，他们要供奉一只有着可可斑点的狗，向神像供香，还要供奉一些蓝色鬣鳞蜥、某种鸟的羽毛以及其他猎物，并且要向每位神官进贡一把可可果实（可能是可可豆荚）。[27]

人种史学的文献则记载了在订婚仪式和结婚典礼上广泛饮用可可的事迹，尤其是富人的仪式和典礼上，这种应用可能已传播到整个玛雅区域。从这种场景下，当时可可饮品的地位等同于现代文明里昂贵的法国香槟。从史料可知，当基切国王挑选妻子的时候，国王的信使能获赠一瓶红色饮品（这是什么不重要）和一罐浓缩巧克力。在基切部落，有三个贵族血统家族的职责就是举办婚宴。根据基切历史学家丹尼斯·泰德洛克（Dennis Tedlock）所述 [28]，人们在婚宴上要 chokola'j，意思是"一起喝巧克力"；这个词可能是西班牙语（以及英语）里可可一词的起源（详见第四章）。除了巧克力饮品之外，订婚和结婚仪式上甚至可能会用到可可豆本身，这可以从被埃里克·汤姆森引用的早期殖民报告中得知。这份报告上记载了关于恰帕斯森林里的"野人"（尚未被征服的）——乔尔玛雅（Chol Maya）人：

> 结婚的仪式是这样的：新娘给新郎一张彩色的高脚凳、五粒可可，对他说："我赠予你这些物品，表示我接受你成为我的丈夫。"然后，新郎也给新娘一些新裙子和另外五粒可可，并对她说同样的话。[29]

玛雅文明晚期的可可加工方式

殖民时期的史料和现代人类学报告显示，玛雅人曾经坐拥各种用可可豆制成的食物和饮品，并且沿用至今。正如上文提到的，我们已经通过玛雅文明古典期陶瓶上的象形文字证实了这些食物和饮品的存在。根据成书于 17 世纪的西班牙语—玛雅语字典（现存于维也纳国家图书馆[30]）记载，普通巧克力在玛雅语中被称为 *Chacau haa*："热水"（或是"热巧克力"，因为 *haa* 也可以表示"巧克力"的意思）。而另一种由可可、玉米和美果榄种子做成的饮品在玛雅语里叫作 *tzune*，这种饮品可能是为了比较特别的场合而准备的。更常见的饮品是一种用煮熟的玉米、水和可可做成的稀粥，叫作 *saca*（古典期的陶碗上刻有类似的名字）。上文曾提过，有文献记载了带泡沫的热巧克力——从名字就可以知道是一种热饮，并描述了通过搅拌让热巧克力发泡的加工过程。

在这些早期尤卡坦玛雅语的字典里，提到了两种巧克力风味：一种是香草味，另一种是"耳花"（ear flower）味。关于巧克力的风味我们将在下一章深入探讨，因为目前我们所掌握的史料中对于玛雅时期巧克力风味的描述相对较少，但却大量记载了阿兹特克人调制可可的精湛厨艺。

截至目前，拉坎顿（Lacantón）玛雅人已经只剩数百人还幸存于新大陆最茂密雨林的小小遗址上，但他们曾一度主宰着恰帕斯东部的广袤领土。尽管目前人口稀少濒临消失，还面临着现代墨西哥的各种生活压力，但拉坎顿人还是保留着大量文化传统，其中包括从玛雅文明古典期流传下来的烹饪传统。这些印第安人自己种植可可树，并用可可豆加工两种主要的饮料，一种是普通的日常饮品，而另一种则用来供奉神祇。

拉坎顿人用来供奉神祇的巧克力饮品具有非常珍贵的泡沫，这和现今社会的巧克力饮品有着相似之处，只是这些泡沫都通过发泡剂产生，但所使用的发泡剂又有所不同[31]。

拉坎顿族的日常巧克力饮品

先将发酵后的干可可豆放在烤盘里烤，去掉外皮。然后剪下一段叫作"suqir"的植物的藤蔓用作发泡剂。碾碎藤蔓坚硬的部分，接着把这些被碾碎的藤蔓纤维和液体装进一个葫芦形容器中，边搅拌边倒入装有清水的小盆，多余的纤维则丢弃掉。接下来，家庭主妇把柔软的 suqir 藤蔓和可可豆以及烤玉米一起碾碎，并将其混合物和之前备好的液体搅拌在一起，然后用一个木制的拍打器搅打，不用再加热或者烹煮。用汤匙舀取打好的泡沫放在玉米粥上，就可以大快朵颐了。当所有的泡沫吃完后，剩下的巧克力液体就可以喝了，"但是泡沫是最美味的部分"。

拉坎顿族供奉神祇的巧克力饮品

和普通家庭厨房里使用铁制手磨机来研磨可可豆的流程不同，供奉神祇的巧克力得由宗教仪式赞助人的妻子烤好可可豆，随后用磨盘和上磨石把它们磨碎。她做这些事情的厨房也是特别为此设置的，紧邻着供有"神罐"陶像的"神之屋"。在研磨可可豆的过程中，她将一种叫作aak'的草拌进去，当她用木棒搅拌可可液体时，这种草可以作为发泡剂使可可液体起泡。然后加入清水搅拌，过滤液体，最后倒到盛有巴尔切（Balché，一种用于宗教仪式的有树根味道的蜂蜜酒）或者 sak ha（即上文已提及的玉米粥）的碗中。由此得到的成品将最终供入"神罐"。

如今的危地马拉玛雅高地依然有无数种把可可制成各色饮品的方法，其中许多用到了西班牙人引进的配料，比如蔗糖、大米、肉桂和黑胡椒（代替本地传统食材中的蜂蜜、玉米、多香果和辣椒）。其中最普遍的饮品广泛流行于危地马拉高地北部，是一种在西班牙语里被称为 *batido*（奶昔）的饮品（类似美式汽水柜台可以买到的"frappe"果汁沙冰）。[32]

奶 昔

　　把可可豆碾碎成粉放到碗里，加入温水，用手打成糊状。糊状物里加入一种或者多种香料，比如传统香料中的香草、胭脂树（红木，碾碎它可以将饮料染成砖红色）、"耳花"（舟瓣花属，二名为 Cymbopetalum pendulifolorum）和碾碎的美果榄。要用这些配料制成奶昔饮品，需按一茶匙糊状物加一瓢热水的比例将配方与清水混合。由于贫穷的危地马拉印第安人无力承担昂贵的可可，所以奶昔里通常可可含量很少，而黑胡椒很多。

　　但我们关于近代玛雅人饮用可可的不同方式的信息不能包括所有的方法，特别是关于可可树在早期的种植。比如，虽然象形文字专家对此还有争论，但是一些玛雅文明古典期陶罐上的文字可能表明了新鲜可可豆或者可可果肉以某种方法用作食材。同样，17 世纪的编年史家安东尼奥·弗恩特斯·古兹曼（Antonio Fuentes y Guzman）在描写危地马拉太平洋斜坡时称："但是说回可可的价值，当可可豆离开可可果的一刹那所渗出的液体才是最好最新鲜的，这些液体将由印第安人精心撷取。"他们把新鲜的表皮还带着果肉的可可豆堆到干净的小独木舟里，果肉便在自身重力的作用下渗出了"具有最柔滑口感的丰富液体，这是种介于酸和甜之间的口感，极其清凉舒爽"。[33] 这种液体用来解暑尤为有效，可供当地人应对该地区持续的高温。虽然弗恩特斯·古兹曼没有明确指出，但这种饮品确实是含有酒精的，因为他描述的程序实际上是在可可加工流程里加入的一个典型发酵流程；这种"红酒"至今仍受琼塔尔帕人所钟爱。

　　通过反复论证，我们可以断定巧克力和非凡的可可树并非是阿兹特克人的发明，因为大部分相关研究书籍让我们得以确信：伟大的玛雅人和他们的远祖——说米塞－索克语的奥尔梅克人才是发明和发现巧克力与非凡可可树的祖先。但是玛雅人第一次教会旧大陆居民如何喝巧克力，也是玛雅人创造了"可可"一词。因此我们应承认玛雅人在可可烹饪史上的地位。

第三章　阿兹特克人：第五个太阳的臣民

从古至今，可能没有任何其他民族的口碑会比阿兹特克人（他们自称墨西哥人）更差了。在普罗大众的眼里，阿兹特克人几乎就是残忍、嗜杀成性的代名词，比纳粹德国都有过之而无不及。很显然，西班牙侵略者和他们的拥趸故意引导了这种舆论导向，用来给他们数百年来侵略墨西哥和中美洲，并对当地人施行压迫、种族灭绝、文化灭绝的种种行径寻找借口。连当代权威历史学家都曾引用过侵略者强词夺理的名言"他们是罪有应得"。

讽刺的是，正是由于另一群西班牙人为世人提供了数量可观的精确史料，我们才得以逐渐修正对墨西哥土著人的种种偏见和谬断。这些西班牙人中，就包括了在侵略后率先登陆，企图向原住民传播福音的托钵修士。为了能更顺畅地交流，他们甚至还不畏艰难地学习了阿兹特克方言——纳瓦特语，与当地土著促膝长谈，了解他们在侵略前的原生态日常生活。这些传教士（特别是方济各会修士）的另一个目标是在墨西哥土著文明的废墟上建立一个崭新的乌托邦王国，一个侍奉上帝的新世界。传教士们对那些不信教的西班牙人罪孽深重的侵略行为也甚为唾弃，他们希望这些新皈依的教徒在崭新的乌托邦中能过上不为俗世所扰的安乐生活。

这些托钵修士中最著名的是贝尔纳迪诺·德·萨阿贡（Bernardino de Sahagún）修士。许多人类学专家一致认为，他是世界上第一位采用田野法的人类学家。在 1521 年西班牙征服新大陆之后，萨阿贡随着第二批方济各传教士一同来到墨西哥。登陆后，萨阿贡修士立刻开始学习纳瓦特语，并赶在阿兹特克帝国灭亡前夕向当地的祭司、贵族以及商人等精英和知识分子求教关于他们文化和宗教的点点滴滴。萨阿贡修士的百科巨著《新西班牙诸物志》（*General History of the Things of New Spain*）包含了十二卷插图丰富精美的手抄本，这些手稿大约留存到 19 世纪，随后在疯狂顽固的菲利普二世的禁令下停止出版。至今，依然没有任何史料可以像《新西班牙诸物志》那样对美洲土著进行如此完整、精确的描述，因而本书对于阿兹特克人的生活，包括巧克力和可可的食用历史的描述，也极大程度上仰仗于萨阿贡修士提供的信息。[1]

当然，记录阿兹特克人生活和历史的文献还有很多，比如殖民者的著作（但是这些作者都带有很强的个人偏见，尤以科尔特斯［Cortés］为甚）。当地贵族亲自写就的民族历史则一般用纳瓦特语撰写，偶尔也会用西班牙语。在萨阿贡之后，迭戈·杜兰（Diego Durán）修士搜集编撰了一部从阿兹特克人的编年史到人种志的详细报告，也是很重要的文献，可惜现在已经遗失了。[2]

通过这些文献以及本地宗教相关的书籍和抄本（大部分为前殖民地时期的著作），我们可以描绘出阿兹特克人的民族印象：他们健壮有力、同情友善，最终却以悲剧收尾。遗憾的是，这样的印象和现代人的普遍认知，甚至是当代学术史里所描述的那种，"嗜血的半野蛮人"形象都相去甚远。[3]

阿兹特克的起源与早期历史

阿兹特克的传统观念认为在我们的世界之前还有其他世界存在，即"太阳"的世界。每一个世界都由神创造，经历繁荣和神的摧毁。阿兹特克，以及包括我们自己在内的所有人类，都存在于超自然诞生的古城特奥蒂瓦坎的第五太阳。但是某一天这个太阳也会湮灭于一次可怕的地震，所有生物都将在最终的灾难中灰飞烟灭。

在这样一个耸人听闻的神话背景下，阿兹特克必然会成为一个充斥着悲观主义的帝国。由于他们相信自己起源于第五太阳时代，他们的信仰从属于"生于木屋"（born in a log cabin）*学派。如同美国早期的许多政治家（以及晚些时候的一些政治家也如此），阿兹特克人喜欢吹嘘自己是如何通过自己顽强的努力，从卑贱的出身一步步走向功成名就。根据他们向西班牙人的叙述，他们自己并非墨西哥谷地的原住居民，而是从"阿兹特兰"（Aztlan，意为"白鹭之地"）迁移而来，那里才应该是他们的故土，该地据说位于墨西哥西部或西北部。另一个明显矛盾的传说是，阿兹特克人源于七个部落，从一处名为"七洞"（纳瓦特语为"奇科莫兹特克"［Chicomoztoc］）的地下洞穴而来。然而，即使起源说法不一，阿兹特克人普遍同意在他们半沙漠化的故土上，他们比粗野的土著人稍微优越一些：他们有动物毛皮制成的衣物可穿，能用弓箭射杀大动物果腹，还发展出一点农业维持生计。

　　他们的部落神祇维奇洛波奇特利（Huitzilopochtli，意为"左边的蜂鸟"［Hummingbird on the Left］）曾作出预言：他们必将离开阿兹特兰并最终抵达一处湖泊，在那里他们会看到一只鹰叼着巨蛇栖息在一棵仙人掌上。在那岛中他们将发现一座城，从那座城开始他们将逐步统治世界。四位祭司带着神像引

阿兹特克人认为他们的故乡阿兹特兰位于湖中的一个孤岛上。出自《漫游之路》（*Tira de la Peregrinación*）。

---

* 意为"出身低微"。——译者注

领着阿兹特克移民，在一处名为"科特佩"（Coatepec，意为"蛇山"[Snake Mountain]）的地方停留，此处曾发生过各种各样神秘的事件，包括女神科亚特利库埃（Coatlicue）作为母亲，诞下了维奇洛波奇特利，而这位女神也将成为我们故事中的一员。到14世纪初，迁徙的阿兹特克人已经抵达了墨西哥谷地，发现当地早被更为进步的人群所占据并形成了城镇，这些人群来自两百年前就已消失的古老的托尔特克文明。

起初，阿兹特克移民作为奴役和农奴，其好战的习性给地主留下了深刻印象。历经一系列冲突动荡之后，移民被原住居民驱逐到一个大湖——曾经占据了大部分墨西哥谷地的月亮湖（Lake of the Moon）中间的几处小沼泽岛上。其中的一个小岛上，恰巧出现了预言的景象：一只鹰叼着巨蛇栖息在仙人掌上！阿兹特克人在此处建立起了日后愈发强大的首都特诺奇提特兰（Tenochtitlan）。不久后，他们征服了墨西哥中部曾经冷落和压制过他们的城邦。1375年，他们选出了第一位真正的国王阿卡玛皮茨提里（Acamapichtli，意为"一把箭"）。在短短的一百年间，他们的势力横扫大半个中美洲，收归所有的领土真可被称为一个帝国。

阿兹特克人天生善战，庞大的军队和系统的军事理念使他们常立于不败之地，几无敌手。仅在墨西哥西部米却肯的塔拉斯卡人（Tarascans）那吃了败仗。阿兹特克人明智地避开了这个骄傲的族群，放任他们自行发展。墨西哥谷地的东部是特拉斯卡拉国（Tlaxcallan），长久以来都与阿兹特克为敌。阿兹特克军队曾重重包围特拉斯卡拉，但却没有收服该地，而是与其达成了一项奇怪的协议名曰《荣冠之战》（"The Flowery War"）。协议约定双方永远维持战争状态，以便保证双方都能持续获得人畜俘房。至于位于帝国东部、领土范围包括高地和低地的玛雅帝国，则没有任何试图征服阿兹特克的行动。鉴于玛雅和阿兹特克之间利润丰厚的贸易关系，玛雅也无须费力征服阿兹特克。双方都乐于维持贸易关系，尤其是和普顿玛雅人，作为精明的商人通过掌控西卡兰科（Xicallanco）商港——一个巨大的商业中心来获取利润。

在我们的故事里，阿兹特克人最重要的战争胜利发生于奥伊佐特（Ahuitzotl）王朝（1486—1502）。这场胜利为帝国的版图增加了索科努斯科

（Xoconochceo，又称 Soconochco）行省、太平洋沿岸平原和邻近盛产高品质可可而闻名的中美洲东南山麓地带。阿兹特克长途贸易商人（或称"波奇德卡"[*pochteca*]）一直对可可抱有极大的兴趣，这些商人也在战事中扮演了重要角色。

回顾上文，阿兹特克帝国统治阶级如此精心编排的"生于木屋"传说是否具有一定的真实性呢？一小拨移民可能确实从西北贫瘠之地迁徙至墨西哥谷地，带来了他们崇拜的部落神祇维齐洛波奇特利和一种对后来阿兹特克帝国的意识形态极为重要的朴素、严格的军事理念。然而不可否认的是，大部分居住在帝国中心的人们或许一直都生活在该处，在维齐洛波奇特利出现之前就祭奠着古老的神祇。阿兹特克统治者和学者们从这些人群更为复杂的文明中汲取文化养分；而在动荡的后古典期已经渗透到墨西哥中部地区的玛雅知识和文化元素，或许也成了阿兹特克帝国的效仿对象。这些元素当中最为关键的，很有可能就是可可贸易中体现出的普顿玛雅人重商制度。

被征服前夕的阿兹特克

现代学者对阿兹特克帝国的性质仍然争论不休：阿兹特克是一个现代意义上的帝国吗？首先，严格说来，阿兹特克确实是以下三地的联盟政体：（1）首都特诺奇提特兰；（2）特斯科科（Texcoco），位于月亮湖东面的古老文明城邦；以及（3）特拉科潘（Tlacopan），位于特兰城西面的一处小封地。尽管如此，特兰城还是掌握着军事上和政治上的决策权。这一联盟几乎完全瓜分了阿兹特克军队从战胜的行省中收获的贡品财富，特兰城自然能够得到大部分的战利品，每两年都会有丰富的财物流入墨西哥谷地。这些财富包括大量的食物，如玉米和豆类，衣物、战服和盾牌，以及各种奢侈物品等。在西班牙人到来之前，特兰城居民们的生活可能已经更为依赖进贡的食物，而非谷地种植的农作物了。

帝国的人口规模仍有待确定，但最合理的估算表明，仅在墨西哥中部就有1000 万至 1100 万人口。估算首都的人口极为困难，然而特诺奇提特兰（包括其"姐妹"城市，位于首都所在岛北部三分之一的特拉特洛克 [Tlatelolco]）

的居民可能已超过 15 万。以居民数计，特诺奇提特兰已成为当时世界上最大的城市。

包括首都在内，每个城镇的普通自由公民都会编入一个"行政区"（*calpoltim*），这是持有土地的一种本地基层组织，自带首领、贵族、神庙和学校（教育不分性别，面向全员）。每个家庭拥有土地使用权（就如租客一般，本身并没有不动产所有权），若一个人休耕超过两年，他的土地就会被收走。

虽然阿兹特克帝国"出身卑微"，后期却发展成为一个等级分明的贵族社会。世袭制的贵族阶层，或称"特乌克丁"（*teuctin*），有权享有平民的劳动和贡品；贵族们还持有私人土地，通常由一大批农奴负责为其耕作。地位最高的贵族就是皇室，其中最为尊贵的是惠特拉托阿尼（*Huei Tlatoani*），意即"伟大的演说者"（great speaker），就是我们所说的国王。国王由皇家高等贵族成员委员会选举出来，并由儿子或兄弟继任。国王实行终身统治，本人的存在极为神圣，人们不能直视或触碰他（正如西班牙殖民者科尔特斯对阿兹特克国王做出的行为是一种无耻的冒犯一样）。后来的统治者们居住在巨大奢华的宫殿里，宫殿的繁复结构和精细的礼节毫不逊色于欧洲巴洛克风格的皇家宫廷。宫殿群不仅仅储藏有阿兹特克主要的武器装备，还是皇家的仓库（其中还包括为可可而专设的宫殿，下文将会述及），这对于阿兹特克的再分配经济极为重要。

在阿兹特克的体制秩序中，有三个社会群体占据着特殊的地位。其中最有名望的或许就是祭司。要成为一名祭司，人们必须从一所名为"卡米卡克"（*calmecac*）的专为贵族男性设立的神学院毕业，并进入更高级的神学院深造。祭司的工作一点儿也不好做，他们必须负责神庙中根据历法制定的周期性祭祀仪式（包括活人献祭）和守夜；而且，祭司不能结婚，终身禁欲。

萨阿贡和杜兰曾为我们提供了大量有关阿兹特克宗教的信息，从中可见，阿兹特克的宗教体系非常复杂。阿兹特克人是多神论者，各种各样的神祇遍布各处，其中许多代表着自然的力量和农业的循环。[4]一些神祇还具有东南西北四个方向性的组成元素。最受崇拜的是雨神特拉洛克（Tlaloc）；令人生畏、无处不在的战士、巫师和皇室保护神特斯卡特利波卡（Tezcatlipoca），即"烟镜"（Smoking Mirror）；波卡神的敌手、祭司的主神"羽蛇神"（Feathered

Serpent）魁札尔科亚特尔（Quetzalcoatl）；以及春天与播种之神"无皮之主"（Our Lord the Flayed One）西佩托堤克（Xipe Totec），由一位祭司穿着从俘虏身上剥下的皮来扮演。

大部分的宗教仪式都有平民百姓的参与。虽然各种各样的神祇或许能够满足一般人的宗教需求，但纳瓦特诗歌中的证据显示，阿兹特克的哲学家和思想家们有过这样一种观点：唯一、终极的现实是一个全能的超自然力量，这个力量存在于等级分明的天国顶端；这种两性合一的存在或力量被称为二元性之主（原文的"主"同时使用了表示男性的"Lord"和表示女性的"Lady"，表示两种性别的统一），其中体现了对立统一的概念。而其他的一切，包括我们自己，不过是幻象和虚无。在当时，这种观点与一般人的多神论和谐共处。[5]

最后，我们还应提及阿兹特克整个城邦对古代部落之神维奇洛波奇特利的崇拜，这位神祇具有墨西哥谷地早期居民所崇拜的太阳神的特征。维奇洛波奇特利是像太阳一样至高无上的战神，阿兹特克人认为每天都要用勇敢的战俘来祭祀它，以保证每天黎明时太阳照常升起，给大地带来光芒。若没有如约完成祭祀，第五太阳便会完结在巨大的灾难之中。这一点，就是阿兹特克用活人献祭的必要原因——并非出于杀戮的欲望，也不是对残忍的偏爱，更不是对死亡的执念，而是出于对世界和生命消逝的恐惧。西班牙人大大夸大了死于祭祀刀下的受害者数量，或许他们是在试图为侵略墨

维奇洛波奇特利之像，阿兹特克保护神、战神和太阳神。来源：《波旁尼克抄本》（Codex Borbonicus），法国巴黎国会图书馆藏。

西哥的不当行为找到合理的借口。西班牙人声称，每年在阿兹特克首都被用作祭品的囚犯多达万人，而实际上，每年至多只有几千人因献祭丢掉性命。

位于首都中心的大神庙被分割成两半：一半的顶峰是特拉洛克神庙，祭奠这位雨神和农业之神；而另一半则用于祭奠维奇洛波奇特利，战争和太阳之神。大神庙的每一个台阶上都洒着献祭者的鲜血，阿兹特克人对这种反差效果情有独钟。

作为阿兹特克帝国的强力支柱，所有战士都曾在一所名为"特波卡利"（*telpochcalli*）的军事学校接受训练。阿兹特克战士的武装设备包括盾牌、投矛器和标枪、长矛以及马克胡特（*macuauhuitl*，以平木棍棒做柄，锋利的黑曜石刀片为刃的剑式武器）。在这些武器的协助下，阿兹特克在面对中美洲各路敌手时几乎战无不胜。当阿兹特克致力于征战时（征战占据了阿兹特克大部分的历史），帝国可以派出大批军队并长时间地维持军队补给。兵无粮草不能行，阿兹特克军队也不例外，帝国内部的妇女担当着后勤员的角色，为他们烤制出大量的玉米饼作为战事中的主要口粮。

阿兹特克的战士们在战场上英勇无比，为首都的祭祀仪式俘虏了一个又一个敌人。立功的战士会得到丰厚的社会和经济回报。虽然并非贵族出身，但勇敢的战士可以不受禁奢法规定的约束，穿上通常只有贵族可以穿的华丽服饰。

最后我们来谈谈长途贸易商群体，他们与遍布阿兹特克城镇大市场广场的市集商贩不同，有某种世袭的行会制度，甚至还有自己的神祇和仪式。他们的任务在于外出探险，带着货车抵达远方低地的"贸易港口"，尤其是普顿玛雅人所掌控的西卡兰科商业中心以及索科努斯科。长途贸易商的名字"波奇德卡"意思是"从木棉树之地来的人"，显示出他们与木棉树产地——热带低地的密切关系。正如我们已经提到过的，卡卡斯特的普顿领主可能在几个世纪前就在墨西哥中部创立了波奇德卡。

萨阿贡的百科全书中有一卷专门用于记叙波奇德卡。[6] 从这本著作中我们得以了解，商人们的主要任务是从西卡兰科和索科努斯科两地为皇家获取舶来品，如漂亮的羽毛（尤其是绿咬鹃的羽毛）、豹皮和琥珀。商人们唯恐货车里积聚的巨额财富会引起其他人的贪婪和妒忌而遭遇危险，因此总是趁着夜色低

途中的阿兹特克波奇德卡商人，来自萨阿贡的《佛罗伦萨抄本》（Florentine Codex）。可可通过这一方式运输到首都特兰城。

调入城。我们会在下文再行叙述这个族群的故事，因为他们在可可贸易当中扮演了重要的角色，他们自身也因巧克力的消费而闻名于世。

这就是位于墨西哥谷地、丰富多彩的阿兹特克世界。1519 年，旧大陆首次发现了阿兹特克。两年之后，阿兹特克彻底毁在了西班牙人的手里。帝国败在侵略者的手里并不是因为西班牙征服者们的超凡勇气和足智多谋（像西班牙的辩护者声称的那样），或是因为欧洲文明相对于墨西哥"印第安人"的优越性，而是因为西班牙人联合了成千上万个对阿兹特克统治不满的本土同盟，其中大部分都是对阿兹特克怀有强烈敌意的特拉斯卡拉人。另一个导致了阿兹特克帝国瓦解的致命原因是从旧大陆传播而来的流行疾病，如天花和麻疹，这些先于西班牙人抵达中美洲的病毒给原住民带来了毁灭性的影响。

吸引与排斥：奥克利和巧克力的故事

阿兹特克思想和文化当中，对于奥克利（*Octli*，一种本地酒）和巧克力这两种最为重要的饮品存在着一个奇怪的矛盾观念。这种矛盾观念来自于整个社会的一种矛盾心理。一方面，他们坚信是自己的勇气和努力令他们从墨西哥西北部半沙漠地带中走出来，从灰头土脸、贫困交加的野人变成了如今掌握着权势和财富的文明人——一个霍雷修·阿尔杰（Horatio Alger）笔下"白手起家"的寓言故事。另一方面，15世纪末，特兰城和其他谷地城市中遍地奢侈，精英阶层、战士和商人享受着中美洲其他地区无法比拟的富足生活；然而，阿兹特克也针对奢侈品的使用和消费制定了严苛的限制，如服装和饰品的禁奢法等，这使得阿兹特克人的生活带有一种清教徒式的烙印。

阿兹特克对巧克力抱有极大兴趣的原因之一，便是他们的本土饮品奥克利（西班牙人称之为"普奎酒"［pulque］，即龙舌兰酒）。这种酒所含的酒精度数较低，不易喝醉，而阿兹特克社会确实不喜醉酒的人。奥克利是利用几种龙舌兰属植物（我们又叫它们"世纪植物"［century plant］）的汁液制成，当这种植物在适宜的条件下成熟（当然用不了一个世纪，但也需要大约十至十二年时间）并长出花柄时，人们会去除花柄的底部，挖出花柄就能得到大量的汁液，并且能收集数个月的时间。这种汁液经过发酵就成了奥克利。

阿兹特克人认为巧克力是一种更为理想的饮品，尤其对于战士和贵族来说。但他们也没有完全禁止饮用奥克利：阿兹特克允许老年人饮用奥克利，虽然对老年人的定义有着不同的版本：一些人认为有孩子和孙子的老年人才可饮用奥克利，而其他一些人则认为可以饮用奥克利的年龄应当更大。无论哪类老年人，按照规定，他们每晚最多只能饮用四杯奥克利。而其他人则可以在特定的节日宴享上饮用奥克利，有些宴享上甚至孩子们也能喝上一口。但整体而言，阿兹特克的禁酒令十分严苛，喝醉酒的一般惩罚即是死刑。阿兹特克的文学作品当中有相当大的部分采用了"戒酒"作为创作主题；君主在就职典礼上也常常针对饮酒的罪恶发表长篇大论。数不尽的道德寓言规劝人们远离酒精，如一个军队长官因为饮酒，而不得不慢慢变卖房产和编织女工，落得贫困交加、神志不清，最后死在街头[7]；另一个故事讲述了特斯科科诗歌之王内萨瓦尔科约特尔（Nezahualcoyotl）在躲避杀父仇人、四处流浪时遇到了一个女人，发现她培育龙舌兰植物以酿做奥克利，不分对象地出售给所有人，诗人暴怒异常，将其杀死。[8]

就这样，巧克力在阿兹特克的上层社会中成功替代了奥克利，人们在文化上倾向于接受巧克力，但当时也不是所有人都欣然接受巧克力。社会矛盾心理再次作祟，由于可可被视为一种舶来的、奢侈的产品，与阿兹特克人怀念并奉行的简朴生活理念格格不入，他们甚至可能将巧克力与墨西哥湾沿岸和玛雅低地等发达地区（巧克力的发源地）热爱奢侈的人们联系起来。

杜兰修士叙述的故事更加突显了这种矛盾心理。[9]15 世纪中期，阿兹特克的统治者是蒙特祖玛·伊尔维卡米纳（Motecuhzoma Ilhuicamina，"天堂射手蒙特祖玛"［Motecuhzoma the Heaven-shooter］），阿兹特克历史上最伟大的君主之一。蒙特祖玛战胜了瓦斯特克族（Huastecs），将帝国的版图扩大到墨西哥湾沿岸地区。受到对本国人民起源的好奇心驱使，他派出一队由 60 名巫师组成的探险队踏上寻找传说中的起源地阿兹特兰之路。最终巫师们抵达了阿兹特兰，发现该地就像他们自己的伟大首都一样，是一个位于湖中的小岛。当被问及此行使命时，巫师们告知阿兹特兰本土的居民，他们为维齐洛波奇特利的母神科亚特利库埃（"蟒蛇之裙"［Serpent Skirt］）带来了一份礼物，若斯神已逝，则将礼物转交给她的仆人。

岛上有一座名为"科尔乌亚坎"（Colhuacan）的小山，古老的女神仍然居住于此。小山的守护者，一位老人，让巫师们带着礼物随他上山，但当这个敏捷的老人加快脚步爬上陡坡时，巫师们发现他们自己却难以迈步，他们的双脚正在沙中不断陷落。

> 他们大声呼叫老人，老人的步履如此轻盈，看上去双脚似乎都没有沾地。
>
> "你们怎么了，阿兹特克人？"他问道，"你们的身躯为何如此沉重？你们在那里以什么为食？"
>
> "我们以土地上生长的物产为食，并饮用巧克力。"

老人回应道："我的孩子们，这样的食物和饮品使你们身躯沉重，难以到达你们祖先所在之处。那些食物会带来死亡，你们所拥有的财富我们一无所知，我们的生活贫乏而简单。"[10]

说罢，老人立刻抓起他们的行囊，把他们带到了老迈丑陋的女神面前。巫师们促请女神：

"请接受礼物吧，这些都是您那伟大的儿子维齐洛波奇特利的部分财富。"

女神开口道："告诉我，孩子们，你们给我带来了什么，是食物吗？"

"伟大的女神，是食物也是饮品；巧克力既可饮用，也可偶尔食用。"

"这就是使你们身受重负之物！"女神告诉他们，"这就是你们无法攀上山峰的原因。"[11]

巫师们完成了使命下山。下山的路上，领路的老人越走越年轻，正如他上山时越走越年老的情景。老人能够随心所欲地控制自己的年纪，这就是老人对阿兹特克巫师们返程前的最后的训诫：

我的孩子们，请你们看看这座山的神奇之处吧。老人要想变成某个年纪，只要爬上山峰对应的一点即可。这就是为何我们能活到高龄，也就是为何你们的祖先在你们离开后无一人逝去。只要我们愿意，我们就能返老还童。因为享用巧克力和饕餮美食，使得你们身倦体疲、垂垂老矣。巧克力和美食削弱了你们的力量、伤害了你们。你们被华丽的服饰、精美的羽毛和财富所俘，这些，就是摧毁你们的原因。[12]

蒙特祖玛·伊尔维卡米纳获知这一切时，哭泣不止。然而，阿兹特克人仍然继续饮用巧克力，就像现代的消费者们无视香烟的危害继续烟不离嘴那样。

阿兹特克的"巧克力树"：可可瓦库奥维特

弗朗西斯科·埃尔南德斯是为不幸的君主西班牙国王菲利普二世效力的皇家医生兼博物学家，撰写了文艺复兴时期最伟大的植物学著作之一。1570 年，西班牙国王派遣埃尔南德斯前往新大陆寻找药用植物（第四章将进一步叙述），1572 年埃尔南德斯已经抵达了墨西哥并停留至 1577 年。他基于新西班牙（即墨西哥）土地上生长的植物所撰写的这部植物学巨作包含有超过 3000 种植物物种的描述介绍以及它们在纳瓦特语里的名字，并由本土艺术家绘制了插图。为我们后世所遗憾的是，1671 年原著不幸毁于一场大火之中，这场大火也使得菲利普国王在埃斯科里亚尔（Escorial）的图书馆化为灰烬。所幸，原著的一部分因存有副本而保留了下来，这部分内容最终以本土水彩画的木刻版画的形式出版。[13]

阿兹特克人告诉了埃尔南德斯可可树在当地的惯用名称：可可瓦库奥维特（cacahuacuauhuitl），此名字由可可瓦特（cacahuatl，意为"可可"）和库奥维特（cuauhuitl，意为"树"）两部分组成。阿兹特克人还告诉他有关可可树四个栽培品种的信息，现代植物学家相信，其中的大部分都属于克里奥罗品种。这些品种按整体大小和果实大小的排序如下：

（1）库奥可可瓦特（cuauhcacahuatl）：意为"木可可"，也有可能为"老鹰可可"。

（2）梅可可瓦特（mecacahuatl）：意为"龙舌兰可可"。

（3）霍奇可可瓦特（xochicacahuatl）：意为"花朵可可"，据说红色的种子裸露在外。

（4）特拉可可瓦特（tlalcacahuatl）：意为"土可可"，最小的品种。该名称容易引起混淆，因其也指代在征服秘鲁后由南美传到墨西哥的一种花生。

当然，这些品种都不是生长于墨西哥中心高地的霜灾地区，可可要么通过贸

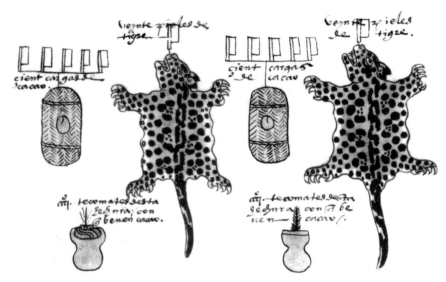

《门多萨抄本》（Codex Mendoza）一页，阿兹特克从索科努斯科搜括而来的贡品。其中包括 200 个货载单位的可可豆、40 张豹皮和巧克力罐。

易，要么通过进贡传入，也可能两者皆有。出于医学探索的需要，埃尔南德斯不断钻研可可树和果实的药用价值。鉴于这是医药匮乏的欧洲人最关心的内容，我们将在下一章进行详细的叙述。

让我们回到前西班牙时期的阿兹特克，他们最宝贵的财产无疑是索科努斯科。在一场波奇德卡唆使并煽动起来的冲突当中，阿兹特克军队征服的地域延伸到了最远的前线，确保了优质可可和其他精英阶层喜好的货物能够稳定地流入帝国的仓库。其他进贡可可的次要来源地包括同样被索科努斯科统治者威佐特征服的沿海城市韦拉科鲁兹的瓦斯泰克平原以及酷热的沿海地区，即现在的格雷罗州。

我们尚未明确位于墨西哥塔巴斯科州琼塔尔帕的西卡兰科大贸易港究竟是由普顿玛雅人完全掌控，还是阿兹特克商人们也有某种控制权。但该地区从未隶属于阿兹特克帝国，琼塔尔帕产出的大量可可植物必须通过贸易的方式，而非强制性的进贡进入帝国。于此，波奇德卡和来自尤卡坦半岛的玛雅商人们站在同样的立场。西卡兰科的市场上很可能混杂着各路方言，几乎把西卡兰科变成了中美洲的君士坦丁堡。为阿兹特克皇室采购奢侈品和可可的波奇德卡们相互之间用纳瓦特语沟通，但他们在旅途中一直受训学习异国知识，因此也能甚为流利地使用琼塔尔语。其他商人还包括来自墨西哥谷地城市的普通商人，因为我们知道，可可也在特拉特洛尔克（位于首都岛北面的城市）的综合大市场上销售。[14]

要到达这些位于东南部的炎热地带，即阿兹特克人所熟知的阿纳瓦克（*Anahuac*，意为"靠近海的地方"［Near the Sea］），波奇德卡商队要从他们位于大本营和仓库中心的托特佩克（Tochtepec）出发，该地是位于墨西哥沿岸平原上方瓦哈卡州北部的城市，意为"兔子山"（Rabbit Mountain）。商人们和数以百计的搬运工分成两队，一队前往西卡兰科，另一队前往索科努斯科和海湾沿岸的危地马拉。从索科努斯科回程的途中，他们或许汇合了阿兹特克派出的征收贡品官一行人，带着从地方首领处收缴来的可可和其他货物回到帝国，充实仓库。

殖民时期早期中美洲可可产地地图。索科努斯科省在阿兹特克统治时期是主要的可可产地。

皇家仓库

可可树的种子在阿兹特克帝国中既充当货币的角色，又充当精英阶层饮品的来源，在皇家仓库中的存储量自然十分惊人。这些仓库既有点像诺克斯堡（Fort Knox），又有点像路易十四的酒窖，充当着防卫城堡和奢品仓库的双重角色。在讨论具体储量之前，我们应了解前殖民时期的中美洲，所有交易都是以数字而非重量或体积容量（如西班牙人到来之前中美洲并没有磅秤的概念，但在其后的三个世纪内，可可仍用计数作为交易衡量的标准）进行的。阿兹特克以 20 作为计数单位，有别于今日通行

蒙特祖玛二世（1502—1520 年在位），出自萨阿贡《第一备忘录》（*Primeros Memoriales*）。这位君主的日常饮品是巧克力，而他的饮用十分节制。

的十进制。因此，1 尊特利（*tzontli*）为 400，而西奎皮利（*xiquipilli*）则为尊特利的 20 倍，即 8000。这就是计算可可豆的单位。一般一个商人或一个搬运工背囊中的可可豆为 3 西奎皮利，即 2.4 万个。

资料显示[15]，内萨瓦尔科约特尔（特斯科科国王）的宫廷对可可的日常需求不少于 4 西奎皮利，即 3.2 万颗可可豆。[16] 一年的可可豆消耗量是 1168 万颗，即 486 个货载单位。这一数字或许是夸张了，根据胡安·德·托尔克马达（Juan de Torquemada）[17] 引用内萨瓦尔科约特尔侄子的资料显示，宫廷账簿中列明的可可豆年消耗量是 274.4 万颗，但仍是一个大数字。晒干的可可豆有些可能用来制作巧克力饮品，有些则用来作为薪酬或款项支付给他方。

而居住在特兰城中的君主，蒙特祖玛·索科约汀（Motecuhzoma Xocoyotzin，"年轻的蒙特祖玛"，通俗史学中更为人所知的"蒙特祖玛"），自然比他这位特斯科科表兄弟富裕得多。编年史学家弗朗西斯科·塞万提斯·德萨拉撒（Francisco Cervantes de Salazar）[18] 的记录显示，蒙特祖玛的可可仓库当中

存有超过 4 万个货载单位的可可豆，也就是 9.6 亿颗可可豆！我们无人知晓这一数字是否有夸张成分，但贝纳尔·迪亚兹·卡斯特罗（Bernal Díaz del Castillo）的记录显示，仅国王护卫队每天就要消耗 2000 多个大容器的可可豆。[19]

"多亏"了残忍贪婪的佩德罗·德阿尔瓦拉多（Pedro de Alvarado），西班牙殖民者当中的"海因里希·希姆莱"（Heinrich Himmler*）对蒙特祖玛皇宫仓库的劫掠和破坏，我们才得以窥见这个仓库的一隅，对其有所认识。[20] 在国王已在皇宫中被俘虏后的一夜，西班牙人手下约 300 名印第安奴仆闯入仓库掠夺可可豆，强取豪夺了一整夜。这一切传入了阿尔瓦拉多的耳中，他又调遣负责护卫蒙特祖玛的阿隆索·德·奥赫达（Alonso de Ojeda），命令他："夜幕降临，时机将至时叫我，我也想要一部分可可豆。"他们带着 50 人，应当也是印第安奴仆，前去偷取可可豆。

> 可可豆装在大方块一般的箱子中，这些箱子用柳条所制，其体积之大竟合六人之力而不能移。箱子内外都施以黏土，全部整齐放置，甚为可观。箱子既可作为储存玉米的谷仓，也可另作他途，大部分内容物都被保存许久。箱子的顶部可以封关，侧面可以打开，可被用作防护屋，但多数仍做谷仓，放置在平坦的屋顶之下。阿隆索看着白昼渐去，趁着还有时间，用大刀砍断了箱子的绳索，其他人便用自己的裙摆和斗篷装满可可豆，他们搬空了三个箱子，每个箱子中存有 600 货载单位的可可豆，每个单位则有 24000 颗豆子。[21]

那一晚，若我们的数字资料可信的话，阿尔瓦拉多一行贼人偷走了 4320 万颗可可豆，但仍不及蒙特祖玛国王二十分之一的库存。

---

* 纳粹党卫队首领，盖世太保总管。——译者注

阿兹特克式巧克力制法

　　基本的阿兹特克式巧克力制法（早期资料显示，巧克力跟可可一样普遍都被称为可可瓦特）与玛雅流行的大体相同，唯一实际的区别在于，阿兹特克人偏好饮用冷巧克力而尤卡坦玛雅人则偏好热巧克力。最早注意到这种饮品的人，学者们称之为"无名的征服者"（Anonymous Conqueror）或"一位名为埃尔南·科尔特斯（Hernán Cortés）的绅士"，其对特兰城的记录于1556年在威尼斯得到出版。他对巧克力制法的描述如下：

　　　　这些名叫杏仁或可可的种子和其他小种子一道被磨成粉末，放入一个尖底盆中，然后倒水，用勺搅拌。搅拌均匀后，倒到另一个盆中，将浮出的白沫捋起，放到特殊的容器中。人们想要饮用时，就会用金、银或木制的小勺搅拌后喝下，饮用时人们必须张开嘴将白沫一并一点一点吞下。这种饮料是世界上最健康、最能维持能量的食物，人只要喝一杯巧克力，无论一天要走多远，都无须再进食其他东西。[22]

在这样的赞美之后，"无名的征服者"还加上了这样的评论："炎热的天气优于寒冷的天气，寒冷乃其本性。"何谓"寒冷乃其本性"？他写下这样难解的陈述，意在何指呢？且见下文分解。

　　根据萨阿贡从阿兹特克人处获得的信息，巧克力被称作"特拉奎扎利"（*tlaquetzalli*，意为"珍贵之物"），以下是卖家制备巧克力的过程：

　　　　她研磨可可豆，将其压碎、打散、磨成粉。再挑选、分离，加入清水进行浸泡。她将豆子放置在空气中，过滤掉，来回倒，再放置；她打出泡沫，捋掉泡沫，使液体变稠，晒干，加水，慢慢地把水搅拌进去。[23]

根据当地人的说法，人们会将较为劣质的可可豆和尼塔玛利（*nixtamalli*，即玉

米面）、水混合在一起，形成一
种类似巧克力玉米粥的食物。当
地人还说，最劣质的巧克力中会
冒出大量泡沫。然而许多人还是
用这种方法食用巧克力，或是当
成甜玉米粉来食用。早在萨阿贡
之前就已对阿兹特克进行观察记
录的弗雷·托里比奥·莫托里尼
亚（Toribio Motolinia）修士曾叙
述道："可可是一种十分常见的饮
品。将可可、玉米和其他种子一
同磨碎，混合在一起就成了饮
品，也是人们的消费品。有些地
方的人能制作出很好的可可饮
品。这种饮品味道不错，人们也
认为这种饮品很有营养。"[24]

具有欧洲风格但描绘精准的水彩画，一个拥有较高地位
的阿兹特克女人正将巧克力倾倒出来以产生泡沫。来自
图德拉抄本。

　　这些巧克力制法的资料来源
并没有提到槽木搅拌器或搅拌玻
璃棒（西班牙语搅拌棒是 *molinillo*）在打泡中的使用，由阿隆索·德·莫利
纳（Alonso de Molina）编撰、1571 年在墨西哥城出版的第一部纳瓦特语—西
班牙语词典中也没有只言片语的说明。而这种在后来美洲和欧洲的巧克力制作
当中如此重要的物件，必然是在 16 世纪由西班牙人引进的。等到耶稣会会士
弗朗西斯科·沙勿略·克拉维赫罗（Francesco Saverio Clavigero）在 1780 年
以意大利语出版对本土墨西哥生活和历史的详细报告时，其中描述了搅拌棒的
使用，但完全省略了用两个容器来回倾倒巧克力以制出泡沫的过程。[25] 在前殖
民时期，这种来回倾倒的方法只有在中美洲才能看到。16 世纪的图德拉抄本
（Codex Tudea）中有一幅以欧洲风格绘成的有趣图画，内容是一个阿兹特克女
人正在制作巧克力饮品，这个场景令人联想起绘于八个世纪之前玛雅低地的普

林斯顿花瓶（Princeton Vase）上的宫殿画面，两个场景颇有异曲同工之妙。

然而，搅拌棒或搅拌勺的身影却常见于资料的字里行间。这些餐具用乌龟或海龟的背壳制成，一部分在西班牙殖民后仍保留了下来，因为在早期西班牙宗教裁判没收的两个阿兹特克巫师的物品中存有大量这种搅拌用具，以及可可和饮用巧克力的杯子等。提到杯子，一份资料显示，杯子的体积很小，有可能是一种彩绘半球形陶碗，也有可能是着色或涂漆装饰的葫芦（从葫芦树上摘下），甚至有可能是由金子制成的，供惠特拉托阿尼使用。

调味品、香料和其他添加物

上一章中我们描述了可可的无数玛雅制法中的几种。阿兹特克也有不同的可可制法，制成多种巧克力饮品。[26] 今日我们饮用巧克力的方法，几乎是不加任何调味的，这对于阿兹特克人而言是无法想象的。他们会加入玉米和木棉树（*Ceiba pentandra*）种子磨成的粉末；显而易见的是，在这些加入"可可添加剂"之前，他们会先把浮沫捞掉。可是，这些掺入了杂质的饮品不会被归入可可饮品的最高等级——专供贵族饮用的特拉奎扎利等级。

往巧克力饮品中加入辣椒的喝法在中美洲广受欢迎，人们将辣椒晒干或风干后再将其磨成粉，作为巧克力饮品的一种调味品。莫利纳编撰的词典中将这种饮品定名为"辣可可瓦特"（*chilcacahuatl*）。当然了，墨西哥作为辣椒的重要产地，人们可以找到辛辣程度不同的辣椒，从温和的辣到冒火的辣，各种辣椒比比皆是。我们作为本书的作者，也曾制作辣味巧克力饮用，可以向读者保证，这种巧克力的味道确实不错。辣椒粉为巧克力冰激凌贡献了一份非常有趣而可口的味道，每一勺的巧克力美味之后，舌头还能获得一种"火辣辣"的味蕾体验。

萨阿贡从阿兹特克人处获得了一份为统治者制作的巧克力饮品餐单，他将这份资料附在了其著作中有关贵族食品的一章中。[27] 在其著作中，萨阿贡还对玉米面包、汤、鱼和肉的炖菜、水果、"被视为水果的种子"（包括玉米棒子和四季豆）以及包裹着玉米穗和名为"猪李"［hog plum］的果子的墨西哥棕等食物作出了描述。然后，萨阿贡又列出了靠着皇宫里的厨房养活的各路人员的菜单，从来访的贵族到侍卫、祭司、歌者、侍从，以及地位更低的羽毛工匠、宝石切割工匠、镶嵌工匠和国王的美容师，其中我们终于找到了巧克力饮品的踪影："于是，在他的房子里他自己为自己制作巧克力：绿色的可可豆荚，加了蜂蜜的巧克力，加了花朵的巧克力，用绿色香草调味、鲜红色的巧克力，维兹特可利花（*huitztecolli*-flower）巧克力，用花朵颜色装饰的巧克力，黑巧克力，白巧克力。"[28] 对于"绿色可可豆荚"是怎么一回事我们无从得知，但或许人们只是食用包裹着种子的那层甜果肉而已。萨阿贡声称这些饮品能把人喝醉，如果饮品经过了发酵确实会如此。在我们的文化当中，我们坚持要饮用甜巧克力，因此"加了蜂蜜"的巧克力会受到我们的欢迎。有颜色的巧克力里可能有什么我们并不知道，但红色的巧克力很有可能是加了胭脂树的种子。花朵和香草都会在晒干或风干后，捣碎成粉末加入到巧克力中去。

弗朗西斯科·埃尔南德斯在其书中列出了一份巧克力食谱，信心十足地断言定会产生催情的作用。巧克力具有春药的功效可能是毫无根据的说法，但却在欧洲不断流传，并且显然也引起了现代作家们的兴趣。[29] 埃尔南德斯这份食谱的有趣之处在于，其中包含了三种阿兹特克人非常珍视的调味品。第一种是维因纳卡兹利（*hueinacaztli*），一种番荔枝科植物"耳花树"的花瓣，瓣片肥厚，状如人耳。这种植物生长于韦拉科鲁兹、瓦哈卡和恰帕斯等热带低地森林中，是波奇德卡商人们从异域带回的最珍贵的货物之一。这种植物颇令人不解，因为它拥有至少三个纳瓦特语名字：维因纳卡兹利（*hueinacaztli*，"大耳朵"）、蒂奥纳卡兹利（*teonacaztli*，"神圣的耳朵"）和渥奇纳卡兹利（*xochinacaztli*，"花的耳朵"）。三个名字当中都含有"纳卡兹利"（*nacaztli*）这个单词，意思就是"耳朵"。小部分意见认为，这种植物是名为"猴子之手"的一种树（*Chiranthodendron pentadactylon*），而墨西哥植物学家玛西米诺·马汀内兹（Maximino Martínez）[30] 则或许正确地辨认出"猴子之手"这种树是纳瓦特语中的名为"马帕尔渥奇特"（*macpalxochitl*，"手之花"）的植物，这种植物也是巧克力的调味品之一，因其花形状如小手而得名。

尽管如此，阿兹特克人认为"耳花树"是最好的巧克力调味品。当一位波奇德卡商人从低地国家的尘土飞扬、危险四伏的贸易旅途中归来，并准备设下宴席犒劳同伴时，首先要做的便是准备可可和维因纳卡兹利。这两样其实也是商队采办的货品，因为是阿兹特克人最为宝贵的货物，还与精美羽毛、珍玉宝石、金银贝类等奢侈物品放在一起。

这种花在磨成粉末、加到巧克力里时的味道如何呢？萨阿贡一如既往地告诫人们不能多饮，多饮会带来醉态。美国农学家威尔逊·波普诺（Wilson Popenoe）曾说，这种花的味道就像黑胡椒，还带有一点点树脂的苦味。[31] 在他撰写 20 世纪早期部分的历史时曾陈述道，在许多情况下，制作奶昔（见第二章）的玛雅人会用黑胡椒代替维因纳卡兹利。其他的资料还将之与肉豆蔻、甜胡椒和肉桂的味道进行比较。我们就这么认为吧，这种花的味道尝起来就是辣辣的。

埃尔南德斯所认为的第二种具有春药效用的植物是特利渥奇特（*tlilxochitl*，"黑色之花"），也就是我们熟知的香草。与纳瓦特语名字不同的是，香草花实际上是黄绿色的，这种植物属于攀藤兰花，外荚是黑色的。香草是热带低地出产的另一种香料，集中分布于墨西哥湾沿岸，尤其是韦拉科鲁兹的托托纳克地区，现在仍然作为商业植物种植。并无证据显示阿兹特克人将之看作催情的药物，但他们确实把它添加到巧克力当中。

埃尔南德斯春药名单上的第三种巧克力调味品是梅卡渥奇特（*mecaxochitl*，"串线花"［string flower］）。这种植物是胡椒属的一种，可能是圣胡椒，因此实际上是黑胡椒的一种。这种植物的花朵据说一些呈白色一些呈黑色，形状细小，成簇盛开。据埃尔南德斯所述："（这种香料）与可可一起食用有一种宜人的味道，补身，暖胃，清新口气……解毒并缓解肠痛和疝气。"尽管有着那样的名字，马汀内兹却否认这种花是巧克力的调味品，他把调味的功劳归给了叶子和小果实果肉。这种植物的心形叶子，今天在韦拉科鲁兹被称为阿库约（acuyo），在墨西哥湾沿岸用来包装食物，也有调味的作用，尤其是作为鱼肉的调味品。多次享用这种植物调味的菜肴后，我们作证，它确实能为食物带来一种令人愉快的、像龙蒿或茴香一样的味道。

这些绝不是阿兹特克巧克力调味品的全部。阿兹特克人还会在巧克力里加入两种墨西哥木兰花（*Magnolia mexicana*），虽然干燥这些花朵的过程会使之失去香气，但同时也保留了其中的涩味。花朵状如心形，因此在纳瓦特语中被称为"约洛渥奇特"（*yolloxochitl*，"心形之花"）。在这种植物的使用情况中，中世纪的学说"类型同效论"（Doctrine of Signatures），主张"以形生形"的观点似乎颇有道理。"心形之花"的树木，与木兰科属的其他植物一样都含有生物碱；若将墨西哥木兰花用水煮熟，给病人食用，它们应能起到增强脉搏、调节心跳的作用，但过度的剂量也会导致心律不齐。埃尔南德斯于是建议在巧克力里加入一片这种美丽花朵，伊洛渥奇特（*eloxochitl*，木兰树）的花瓣。一如既往地，萨阿贡还是警告人们，超量的食用会引发"中毒、精神错乱（和）烦躁"等症状。

伊兹奎渥奇特（*Izquixochitl*，"爆玉米花"）紫草科植物波蕊里亚（*Bourr-eria*）几种种类的其中之一。这种树木高大挺拔，花朵呈白色，看上去与狗蔷薇类似。花朵的香气也和蔷薇相似（弗朗西斯科·西门内兹［Francisco Ximénez］在 1615 年的著述中提到，这种植物很适合成为"国王陛下花园里的骄傲"）。萨阿贡指出，这种植物可以用在冷冻巧克力中。[33]

阿兹特克人还会把其他东西添加到巧克力里。如胭脂树种子，既可作为调味品又可作为着色剂使用；上文提到过的红辣椒，作为调味品使用；还有在新大陆发现的甜胡椒，也成了调味品架子上的新成员。

当埃尔南德斯在其书中列出他所认为有催情功效的巧克力食谱时，还附加了一份公认的具有散热、提神功效，味甜易致胖，无有害副作用的食谱：等量取用经过烘烤的可可豆和美果榄（*Pouteria sapota*）果核内核各一份，磨碎，添加玉米粉，用中美洲的方式进行混合、拍打。埃尔南德斯说明，这就是被称为巧克力特尔（*chocolatl*）的东西——对"巧克力"（chocolate）一词复杂来源（见第四章）的一个有趣证据。大美果榄果核外壳光泽坚硬，呈棕褐色，被包裹在奶油状的橙红色果肉当中，有些人觉得果核尝起来只有苦味，有些人则觉得像苦杏仁的味道。加入三种主要香料的其中一种或蜂蜜到这种巧克力特尔，就能使其味道愈发丰富。最后一步是不停地拍打直到出现泡沫，鉴于书中没有提到来回倾倒产生泡沫的方法，这份食谱和名称很可能并不是出自前殖民时期。

总而言之，上述所有资料应能使我们相信，阿兹特克人饮用巧克力的方式比现代的我们多多了，我们太过执着于只喝甜味的巧克力，没有加糖的巧克力对于我们来说几乎是不可思议的，而对于阿兹特克人来说，往巧克力里添加各种各样的香料，创造出丰富多变的口感，才是饮用巧克力的正确方法。

⁹⁵ 精英阶层的饮品

现代社会中，各个社会阶层的人都能饮用或食用巧克力（虽然品质最高、价格最贵的巧克力肯定还是富裕阶层的消费品）。但在阿兹特克和其他中美洲社会中情况却并不如此：只有精英阶层——皇室、贵族、长途贸易商人和战士，才能够享用巧克力。唯一来自平民阶层，得以一尝巧克力美味的人似乎只有征途中的士兵。祭司并不是巧克力的消费者，几乎可以肯定他们不是，因为他们必须过着极度朴素、苦修般的生活。对比而言，现代的神父或牧师们常常在进餐时饮用香槟的行为，颇让人惊诧。

另一点需要提及的是，在精英阶层的宴席或更为平常的餐桌上，巧克力是不会出现在就餐过程当中，而是正餐结束后，与烟管一起为人享用，就像是现代西方社会的正式晚餐后才奉上的波特酒、白兰地和雪茄一样。巧克力被视为来自富庶异域——阿纳瓦克的神赐美味，而不是其他食物的搭配饮品。

阿兹特克宴席最著名的见证者必然是国王自己——蒙特祖玛·索科约汀。在西班牙征服者贝纳尔·迪亚兹·卡斯特罗生动而略欠准确的回忆录中，国王的宴席简直可以称为一项盛事。御厨需要为国王准备超过300道菜肴，但由于国王本身的节俭作风，大部分的菜肴都会赐给皇室的工作人员。据贝纳尔回忆，国王的巧克力在用餐的间隙呈上餐桌，而不是用餐结束后才出现。但我们应当谨记，这些内容是一位80岁的老人在危地马拉退休后的回忆之作，其准确性有待商榷。无论如何，贝纳尔曾叙述：

⁹⁶   ……时不时地，他们为他奉上用金杯装着的可可饮品，他们说这是为

成功而准备的；于是我们并无多做他想。但我又看见他们拿来了 50 多个大罐子，装着冒着泡的上好可可，而他喝了下去，侍奉他饮用的女人们态度尊敬……[34]

这份"证词"其中一句有关蒙特祖玛的可可饮品具有催情功效的可疑陈述，提醒了我们对于贝纳尔所言可信性的质疑。既然惠特拉托阿尼像其他的中美洲君主那样拥有后宫佳丽三千，为何他还需要催情药物便显得毫无事实根据。这是西班牙人一种执念的迷思，他们因几乎全是肉类油脂的饮食而饱受便秘之苦，因此西班牙人一直在墨西哥寻找泻药，对于春药而言也是出于一样的逻辑。

巴托洛梅·德拉斯·卡萨斯（Bartolomé de las Casas）修士是抵达美洲新

出自墨西哥瓦哈卡州的一本米斯特克书籍——《纳托尔抄本》（Codex Nuttall）中的细节透露，1051 年，米斯特克国王八迪尔从新娘十三巨蛇公主处收到了一罐冒着泡的巧克力饮品。在中美洲的婚礼现场，我们总能看到巧克力的身影。

大陆的首批多美尼加人之一，曾因为自己对美洲印第安人的同情以及对西班牙殖民者的谴责而受到同胞的羞辱。他对于"国王宴席"的记录，或许是参考自一个比贝纳尔更近距离观察的西班牙殖民者的资料，因此显得更为详细可信。饮用巧克力的杯子，与贝纳尔声称的不同，并非由金子而是葫芦制成的，且从里到外都涂上了颜料。卡萨斯的描述说"任何贵族都会用对待金银杯子的态度来使用这些杯子"。这样的杯子在纳瓦特语中的名字是"西卡利"（*xicalli*），在中美洲常被用于盛放巧克力饮品。卡萨斯还说道："饮品由水和某种名为可可的坚果粉末混合制成，口感浓醇，散热提神，美味宜人，而且不会中毒。"[35]

波奇德卡长途贸易商人们设下的宴席上，常常会出现大量的巧克力饮品。阿兹特克帝国的中心有 12 个波奇德卡商人行会，成员实行世袭制，每个行会有自己的总部和仓库。一位有抱负的商人是可以提升他在行业当中的地位，但这个过程耗资巨大。要从行会的社会经济阶梯往上爬，个体商人必须为所有等级的商人设下昂贵、铺张的宴席。一个商人的地位越高，这种宴席的规模越大、耗资越费。宴席包括丰富多样的食物、可可饮品，作为祭品的奴隶，甚至有毒的、可使人产生幻觉的蕈类（客人们食用后得以预知自己未来的命运）。萨阿贡极其详细地描述了宴席中的食物种类，以及宴席结束后，人们如何饮用巧克力：

> 然后，他们以巧克力（萨阿贡原文均写作"可可瓦特"）结束了宴席。一人右手持杯，奉上巧克力饮品。他并没有碰触杯子边缘，而是用手掌托着杯底，左手拿着搅拌棒和杯盏。
>
> 这些葫芦制的杯子是为贵族们准备的，其余的人则只能使用陶制的杯子。[36]

对波奇德卡饮用巧克力礼仪的一瞥告诉我们，精致的葫芦杯子是为高阶层的人们所使用的，而地位较低的人们只能用陶制的杯子饮用巧克力。

作为阿兹特克支柱力量的战士们是另一个被允许饮用巧克力的阶层。可可本身就是军队的常规供给品。杜兰的著述表明，磨碎的可可会被压制成丸子或圆饼，与烤玉米饼、磨碎的豆子和成束的干辣椒一起发给战事中的每位士兵。年长的蒙特祖玛国王，即蒙特祖玛·伊尔维卡米纳，曾制定禁奢法，规定无论是谁，王子或平民，只要不参与战争，就禁止穿戴棉、羽毛或花朵，也不许吸食、饮用可可或食用珍稀佳肴。那么，波奇德卡为何能够设下奢侈宴席而不触犯法律呢？因为他们也被视为战士：他们全副武装地踏上漫漫险途，抵达市场，还常要与凶狠的异域敌人进行激战。所以商人们可以不受禁奢法的约束。

"幸福的金钱"

"当树上长出金钱时"（When Money Grew on Trees）是芮恩·米伦（René Millon）为其开拓性的博士论文所定的绝妙题目，芮恩的论文首次将研究目光聚焦于中美洲的可可。西班牙人首次从琼塔尔玛雅人处得知可可豆既可以作为"帝国货币"，也可以作为食物和饮品的材料。没过多久，科尔特斯和他的追随者们便发现，可可豆可以用来购买物品，可以作为薪酬支付给本土劳工如搬运工人等。那位永远保持好奇心的米兰史学家彼德·马蒂尔（Peter Martyr，意大利文名为"皮埃特罗·马蒂尔·丹吉埃拉"［Pietro Martire D'Anghiera］，创造了"新大陆"这个词的学者）得知这一信息后，在其撰写的《关于新大陆》（De Orbe Novo）一书中，添加了一段有关可可豆作为流通货币的内容，1612年出版的英译本中，该内容如下：

> 但我们很需要了解他们所使用的"幸福的金钱"是什么，他们的金钱，我称之为"幸福的"，是因为贪婪的欲望沟壑难填，低俗的渴求无法切阻，永不餍足的胃口和对战争的恐惧，都无法割断对金钱的念想。最终不过亦是归于尘土，和金子银子一样。从树上长出的"金钱"更能体现这一轮回。[38]

极为可惜的是，现存资料当中很少有涉及前殖民时期可可豆货币价值的内容。

但由于殖民时期许多交易和薪酬支付仍然用可可豆作为流通货币，因此留存下来大量的文献资料。我们借此得以了解可可豆和西班牙金银货币之间的汇率，当然了，这些汇率会随着可可豆的数量和金属货币价值的变化而有所浮动。

上一章中我们已经读过奥维耶多关于西班牙入侵不久后，可可豆在尼加拉瓜的购买力如何的阐述。莫托里尼亚也告诉我们，在他的时代（特兰城陷落后不久），墨西哥中部一个搬运工的日工资是 100 个可可豆，对比一份 1545 年纳瓦特语记录的特拉斯卡拉部分商品价格，我们能够获得当时生活水平的大致概念：

- 一只好的母火鸡价值 100 个新鲜可可豆，或 120 个已经萎缩了的可可豆。
- 一只公火鸡价值 200 个可可豆。
- 一只野兔或森林兔价值 100 个可可豆。
- 一只小兔子价值 30 个可可豆。
- 一个火鸡蛋价值 3 个可可豆。
- 一个新鲜摘下的鳄梨价值 3 个可可豆；一个完全成熟的鳄梨价值 1 个可可豆。
- 一个大番茄价值 1 个可可豆。
- 一个大美果榄，或两个小的，价值 1 个可可豆。
- 一只大墨西哥钝口螈（蝾螈目动物，阿兹特克的美味佳肴）价值 4 个可可豆，一只小的价值 2 个或 3 个可可豆。
- 一份塔玛利价值 1 个可可豆。
- 玉米饼卷鱼肉价值 3 个可可豆。[39]

任何时候一种货币获取了某种价值，狡猾的人就开始行骗，阿兹特克人也不例外。萨阿贡从本土人处得到的"情报"显示，可可豆的造假行为如下：

> 奸诈的可可豆卖家，奸诈的可可豆交易商，骗子们会伪造可可豆。他把可可豆放在热灰中烘烤，通过把新鲜可可豆变得白一些来造假；他把它们放在热灰中搅拌，然后用白灰、白垩土和湿土加工，放在湿土中

搅拌。用苋菜面团、蜡和鳄梨核（打碎成小颗粒使之看上去像可可豆的形状）伪造可可豆，把可可豆壳包在外层。发白的新鲜可可豆和萎缩的、长得像辣椒种子一样的、破碎的、空心的、细小的可可豆混杂在一起。他还加入野生可可豆欺骗人们的眼睛。[40]

阿兹特克人的伪造技术堪称一流，他们还开始将这种能力应用到伪造西班牙金银币上。假币的泛滥使得新西班牙的第一任新西班牙总督安托尼奥·德·门多萨（Antonio de Mendoza）惊慌失措，1537年，总督还写信向西班牙国王汇报说他无法阻止货币的造假行为。

每次一个阿兹特克人用稍微上了色的葫芦杯子喝巧克力时，可以说都在喝着真金白银；在我们的文化中，唯一能与之等同的便是用一张20美元纸钞点雪茄的行为。由此，消费巧克力是精英阶层的特权就不足为奇了。

符号和仪式中的可可

对于阿兹特克帝国而言，可可不仅具有经济和美食两方面的价值，还肩负着深刻的象征意义。翻开前殖民时期的一本仪式书《费杰尔瓦利－马耶尔抄本》（Codex Féjérváry-Mayer），其中折起的一页，绘于后古典期晚期帝国某处的一幅画中，可可树作为一个象征宇宙的阵图（若你愿意，也可称之为坛场）的一部分，分别放置在四个方位和中间位置。它是南方之树，南方象征着死亡之地，与血的颜色——红色联系在一起。树的顶端有一只金刚鹦鹉，象征着可可的来源地——炎热之地；而树的一面站着米克特兰堤库特里（Mictlantecuhtli）——死亡之地的主宰。

知识分子阶层——祭司、诗人和哲学家，偏好用两个词或短语组成的隐喻来暗示自己想要表达的意思。其中一个隐喻是约洛特（*yollotl*）、埃兹特利（*eztli*），意为"心脏，血液"，这是一个颇为难懂的、仅限某个圈子明白的巧克力隐喻。萨阿贡的本土"情报线人"（知识分子）曾就这个话题提供了许多信息，因此：

这个俗语说的就是可可，因为它非常珍贵，过去前所未有。一般的平民、贫民不能饮用。因此有了这样的俗语："心脏、血液使人惧怕。"而且，这个俗语还包含着这样的意味：巧克力就像曼陀罗草（曼陀罗属植物，一种强力的致幻药）一样；也被视为同蘑菇具有类似的功效，都能令人中毒、沉醉。如果饮用巧克力的是一个普通人，这就是一个不祥之兆。在过去，只有统治者，或是伟大的战士，或是将军可以饮用巧克力；也或许两三个拥有财富之人（如商人）可以饮用巧克力。并且，巧克力难以获取，他们喝得有限，因为巧克力不能轻率地饮用。[41]

这一段文字难倒了学者们，因为并无证据显示巧克力，除了可可碱和咖啡因的兴奋效果以外，有任何能够改变人的精神状态或使人迷醉的性质。很有可能这些关于这种异域饮品效力的描述，是出于阿兹特克人节制欲望的观点，为的是强调禁奢法对于巧克力消费的约束。

　　此外，可可豆荚也是一个具有象征意义的术语，用在仪式当中，指代将人祭的心脏挖出的过程。艾瑞克·汤普森曾做过一份针对玛雅和阿兹特克的可可的前沿研究，其中显示，这种象征可能是来自心脏和可可豆荚两者形状有相似之处，但另一个更有说服力的解释是"两者都是珍贵液体——血液和巧克力的储存器官"。

　　特兰城一年一度举行的盛大壮观的仪式上，可可与剖心的行为直接联系在了一起。这个仪式要求每年一次选择一个拥有完美身体的奴隶，扮演伟大的羽蛇神魁札尔科亚特尔。40天间，他要穿着代表神祇的衣服和饰品四处走动，被人们当作真正的神祇而崇拜（然而，夜间他却会被锁在一个笼子里以防逃跑）。而后，在献祭的前一晚，神庙长老们会告知他即将死亡的事实，随后他必须表演一场舞蹈，并表现出对自己命运的喜悦之情。如果他没有这么做呢？杜兰对可怕的补救措施作出了描述：

　　……如果他们看见他的脸上流露出悲伤的神情，停止了快乐的舞蹈，

无法展现出喜悦和高兴，那么他们会为他准备好一个恶毒可怕的诅咒：他
们马上拿来献祭用的刀子，洗掉上面沾着的前人血迹，用那肮脏的水冲制
一杯巧克力让他喝下。据说这杯饮料会让他几乎失去意识，忘却别人与他
说过的话。然后他会回到之前快乐愉悦的舞蹈当中……人们相信，巧克力
饮品的蛊惑性使得他是带着极大的快乐，心甘情愿地赴死。这种饮品被
称为"伊兹帕卡拉特尔"（*itzpacalatl*），意思是"洗濯黑曜石刀锋之水"。
他们之所以要给他巧克力饮品，就是相信如果一个人因为要献祭而悲伤，
将会带来极为不祥的征兆，未来会发生非常可怕的灾祸。[42]

《费杰尔瓦利—马耶尔抄本》的一页，此书成于前哥伦布时期的阿兹特克帝国，具体地点不详。书
中描绘了宇宙的四个部分，四棵世界之树，以及九位神祇，还有神圣的历法。右边即象征着南方的
可可树。

　　胡安·德·托尔克马达后来评论道，伊兹帕卡拉特尔让他"闪耀着灵魂与勇气之光"。[43] 巧克力这一冒着血腥气的象征意义可能还渗入了军队之中，因此才会作为军队的补给品（"酒后之勇"的某种前身，虽然没有证据支持）。尽管如此，在新的"老鹰骑士"或"捷豹骑士"（即最勇敢、俘虏最多敌人的战士）的受封典礼上，巧克力会作为饮品出现。对于这些犹如瓦格纳戏剧当中的那些骑士英雄一样，对遭受了漫长的战争之苦的战士们而言，巧克力，带着如

经过发酵和干燥，可可豆豆荚中果肉包裹着的种子变成了尖头状，进行烘烤和研磨后便成了巧克力饮品。

血的象征意义，为阿兹特克战士们疲惫的身躯注入了真正的能量。

但是，可可和巧克力还有更深一层的象征意义。阿兹特克的皇室和贵族热爱音乐、歌曲、舞蹈和诗歌。伟大的诗歌，许多从阿兹特克时期流传下来的诗歌，韵律都很契合宫廷内乐鼓点的节奏，其中最好的诗歌由特斯科科的诗歌之王内萨瓦尔科约特尔所创作。虽然很多诗歌表达了深深的悲观主义以及对生命之短暂的痛苦认识，但也有很多诗歌庆颂了生命的愉悦美好。而巧克力，尤其是霍奇可可瓦特——"花朵可可"，即是作为骄奢淫逸的一种隐喻。但即使是这样的诗歌，也清醒而痛苦地指出，我们终将在这个世界上消逝。我们就以一首内萨瓦尔科约特尔的诗歌来结束对阿兹特克世界的探索吧：

> 我的朋友们，站起来吧！
> 王子们已一无所有，
> 我是内萨瓦尔科约特尔，
> 我是一位歌者，
> 金刚鹦鹉之首。
> 拿起你的花朵和你的扇子，
> 带着它们去跳舞吧！
> 你是我的孩子，
> 你是约约恩汀（Yoyontzin）。
> 举起你的巧克力，
> 这可可树上的花朵，
> 一饮而尽吧！
> 跳舞吧，
> 唱歌吧！
> 不是在我们的房子里，
> 我们并不居住于此，
> 你也终将离去。[44]

一幅当代木刻画，展现的是哥伦布第一次航海时使用的 15 世纪晚期西班牙轻快帆船。

第四章　巧克力的邂逅与变迁

克里斯托弗·哥伦布让欧洲人第一次看到了可可树的种子。这位海洋元帅的第三次伟大航行由于在结束时遭遇不公平的指控和关押而蒙上了污点，但是在被天主教双王（斐迪南和伊莎贝拉）赦免之后，他决定再次启程探索他"发现"的新大陆。这一次，他的目标是寻找一条有可能向西通往亚洲的海峡——西班牙的头号竞争对手葡萄牙已经先到一步并开始开发那里了。

在环游过七大洋的船只中，鲜有船只比西班牙人和葡萄牙人在他们震惊世界的航海探险中所用的三桅快帆船看上去更加笨重的。巨大的船舵、高耸的艉楼以及更加高耸的艏楼，让它们看上去更像是房屋而非船只；第一艘出现在蒙特祖玛领地沿岸的快帆船被他手下的密探报告为"一座在水面上移动的房子"。它们普遍船身短宽，与马可·波罗无比赞赏的中国式平底航海帆船相似。尽管如此，大船中鲜有比快帆船和平底帆船更适合航海的设计。

初次邂逅：瓜纳哈岛，1502 年

哥伦布在 1502 年 5 月 9 日扬帆起航，带着 4 艘快帆船和 150 人开始了他的第四次航程。伊斯帕尼奥拉岛上的西班牙殖民者不允许他登陆该岛，不过他仍然平安度过了一场飓风，而那些与他一模一样的竞争对手却在这场飓风中和他们的船只一起沉入大海（这位虔诚的海军元帅为此感谢了上帝）。他接下来前往牙买加，但却没找到目标，然后继续沿西南偏南方向穿越遍布暗礁的公海。最后，他终于在洪都拉斯本土以北大约 30 英里（约 50 公里）处的瓜纳哈岛登陆了——那里现在被称为"海湾群岛"。他们就地抛了锚，清澈透明的海水环绕着这个小岛，而水中的快帆船想必就像漂浮在碧蓝的天空中一样。

到目前为止，西班牙人在他们的"新大陆"上只遇到过酋长制小国衣不蔽体的臣民——他们的文化非常简朴，完全不像哥伦布一心想要抵达的华夏大地上由大汗统治的灿烂文明。

1502 年 8 月 15 日，在这个命中注定的日子，这些新时代的阿尔戈英雄遇到了大不相同的情况。元帅派一支侦查小分队登上了瓜纳哈岛的海岸，他们发现这里的人和其他岛上的人很像，只是"额头较窄"（不管这意味着什么）。接下来发生的事情记录在了哥伦布的小儿子斐迪南于 1503 年在牙买加写下的文字中。这一作品最终被翻译成意大利语并于 1571 年在威尼斯付梓——到那时为止，它已经在一定程度上混杂了后来的材料（例如，对可可豆在"新西班牙"被用作钱币的叙述——这件事直到 1518 年才被世人所知）。[1] 尽管如此，这却是我们仅有的关于这些事件的文本，西班牙语原稿已经散佚了。

以下是那天发生的事情。斐迪南声称，一条像桨帆船一样长的巨大独木舟突然出现了——那个时代的威尼斯桨帆船标准长度在 141 到 164 英尺（约 40 到 50 米）之间。[2] 即便它的尺寸被夸大，它也一定确实是一艘给人留下深刻印象的大船。编年史作家彼德·马蒂尔告诉我们，这样的独木舟有两条而非一条，每条独木舟都由颈上套着绳子的奴隶划动——它们来自一个叫作"玛雅姆"（Maiam）的国度，差不多就是尤卡坦半岛上的玛雅王国无疑。[3] 至于斐迪南·哥伦布描述的独木舟，则在船体中部有一个用棕榈树叶搭成的顶篷，"与威尼斯贡多拉上的顶篷不无相似之处"，顶篷下是儿童、妇女和货物。元帅立即下令俘虏这艘船，结果没有遇到任何抵抗就成功了。通过这次利落的行动，他"不费吹灰之力、不伤一兵一卒，就对这个国家的所有商品有了很好的了解"。

他俘获的这艘大船是一条从事贸易的大型玛雅独木舟，极有可能属于讲琼塔尔玛雅语的普顿族人；船上的货物包括上好的棉布服装、边缘镶有石质锋利刀片的扁平军棍（阿兹特克武士那些令人望而生畏的大棒），以及小型斧头和铸铜铃铛。斐迪南·哥伦布继续写道：

> 他们的食品储备有伊斯帕尼奥拉岛居民食用的那些块根和谷物（可能是玉米和木薯），还有一种用玉米酿制、味道类似于英式啤酒的酒，以及许多在新西班牙（墨西哥）被用作钱币的那种杏仁。他们似乎把这种杏仁当成非常值钱的东西，因为他们和他们的商品一起被带上船时，我发现只要有这种杏仁掉落，他们都会停下脚步把它捡起来，就像有只眼睛掉在了地上一样。[4]

在没有翻译的情况下，元帅无从得知这些"杏仁"的用途是生产新大陆最尊贵的饮品，也无法意识到可可豆被当作钱币使用，但是这些备受珍视的奇怪种子一定给他留下了深刻的印象。

克里斯托弗·哥伦布从未品尝过巧克力，也不曾再次遇到过他所向往的那些文明民族。相反地，他指挥他的小船队转向了错误的方向，往东南方去了现在的巴拿马西部——他在那里终于找到了一些他梦寐以求的黄金。四年之后他在西班牙逝世，而传说中印度的惊人财富是由其他人发现的。

跨越口味的壁垒

西班牙人1517年开始入侵尤卡坦半岛，而后在1519年入侵墨西哥——他们很快就了解并利用了可可豆在当地经济中的货币价值：请见前一章中描写的对蒙特祖玛仓库的无耻劫掠。这种"不劳而获之财"几乎在整个殖民时期中都保留了作为小额货币的功能。

西班牙征服者以及随后来到刚刚被征服的中美洲的人们虽然懂得将可可豆当作钱币，但在一开始却对以之为原料的饮品困惑不解甚至经常抵触。虽然思想开明的意大利人彼德·马蒂尔在大西洋彼岸将巧克力称颂为配得上国王、领主和贵族的美妙饮品，不过非常令人怀疑的是他究竟有没有品尝过它。他的同胞吉洛拉莫·本佐尼（Girolamo Benzoni）去过新大陆，也一定品尝过巧克力，而对于这种奇怪、浑浊、看上去不像好东西的饮品，他的反应也许是欧洲人初次接触巧克力时的典型反应。在出版于 1575 年的《新大陆历史》(*History of the New World*) 一书中，本佐尼尖刻地评论道：

> （巧克力）看上去更像是用来喂猪的东西，而不是给人喝的饮品。我在这个国家待了一年多，期间从未有过尝一尝它的想法，每当我经过定居点，总有一些印第安人拿它给我喝，他们会对我的谢绝大感惊讶，然后大笑着走开。但是到了后来，在一次缺酒的情况下，我不想总是喝水，于是就像其他人一样喝了巧克力。它味道有些苦，可以让人身心愉悦、精神焕发但又不会变得醉醺醺，而且据那个国家的印第安人说，它是最高级、最昂贵的商品。[5]

冈萨洛·费尔南德斯·德·奥维耶多 (Gonzalo Fernández de Oviedo) 是巴托洛梅·德拉斯·卡萨斯 (Bartolomé de las Casas) 的敌人，也是一个鄙视新大陆土著的人——他在西班牙占领尼加拉瓜期间与巧克力不期而遇，而讨厌它也不足为奇：印第安人通常将这种饮品掺杂少量胭脂树果浆饮用，于是在他们开怀畅饮时，他们的口腔、嘴唇和胡须都会被染红，就像喝了血一样。[6] 费尔南德斯·德·奥维耶多对可可豆的副产物——可可脂评价更高。在这段描述中，他见到的一个意大利朋友用这种物质给手下的士兵煎鸡蛋，从而让可可豆在不含脂肪的土著菜肴中有了全新用途。对于费尔南德斯·德·奥维耶多来说，这种油脂也有药用价值，比如他在被石头划破脚之后，用在可可脂中浸泡过的绷带包扎了伤口。

尽管如此，西班牙人对巧克力饮品的反感态度最终发生了变化。这是怎么一回事呢？起初，侵略者对于他们在"新西班牙"发现的那些食物基本置之不理，除非实在别无选择。以玉米为主要原料制成的薄饼和面团包馅卷等食物对于他们来说毫无吸引力，种类繁多的蔬菜和叶子菜亦是如此，因为伊比利亚半岛的传统菜肴像今天一样偏重肉类和淀粉，而且强调用猪油和橄榄油进行煎炸。相比之下，中美洲的家庭主妇在烹饪时从不使用油脂。更糟糕的是，土著

（上）

米兰的历史学家和航海家吉洛拉莫·本佐尼（1518—70），是率先描述可可和巧克力饮品的欧洲人。

（下）

本佐尼 1565 年版《新大陆历史》中的木刻画，描绘了一棵可可树和一堆摊开晾晒的可可豆。但是木刻画家把可可画在了树枝上，而可可实际是长在树干上的。

居民的餐桌上根本没有奶酪（他们连桌子也没有）。

占领新大陆之后，新来的殖民者很快就开始着手改善这种恶劣的条件，引入了肉牛、奶牛、绵羊、山羊、猪和鸡，并且强迫他们的土著劳工（所受待遇比奴隶稍好一些）种植小麦、鹰嘴豆，以及桃树和柑橘等旧大陆的果树。蔗糖在中美洲也是一种新奇事物，甘蔗被大规模种植在德尔瓦耶侯爵（今称科尔特斯）的私人田产上。虽然土著饮食中也存在蜂蜜、龙舌兰糖浆以及其他甜味剂，但是玛雅人和阿兹特克人对甜食的喜好远远比不上糖在中世纪被引入旧大陆西部之后导致的欧洲人对甜食的热爱。西班牙人非常爱吃糖。

然而，经过一段时间之后，两种文化之间开始出现一种杂合现象（即"克里奥尔化"［creolization］），例如西班牙人发现自己吃的小麦变少了而玉米变多了，或是将纳瓦特语中表示本地动植物的单词吸纳到了他们自己的语言中。

约翰·奥格尔比（John Ogilby）1671 年的画作《美洲》，描绘了画家想象中阿兹特克人制作巧克力的场景。画家不仅曲解了弧面磨石的作用，还画出了实际在美洲被占领后才出现的搅拌棒。

同样地，长期遭受欺凌的印第安人也自愿接受了压迫者的家畜和果树，让它们融入了自己的生活（虽然排斥伊比利亚的小麦和鹰嘴豆）。较为贫困的西班牙人不得已娶了土著妇女为妻，而较为富有者则纳她们为妾；于是在墨西哥殖民时代早期，很多在"西班牙"厨房里劳作的主妇都是阿兹特克人。没过多久，整整一代西班牙裔克里奥尔人就在旧阿兹特克王国诞生了，他们从未踏上过父辈的故国土地。因此，一种全新的克里奥尔式文化渐渐成形，它兼具两种文化的元素，但又不同于两者。正是在这样的背景下，巧克力进入了新西班牙的殖民时代菜肴，并且最终向旧西班牙和欧洲其他地区迁移。

让侵略者接受巧克力饮品的人或许不仅仅是在后厨里劳作的阿兹特克妇女——西班牙妇女可能也推动了这一变化，我们如果细读贝尔纳尔·迪亚斯描述的一段经历，就会发现她们的"巧克力瘾"比男士们来得更早。[7]

1538 年，为了庆祝两位宿敌——神圣罗马帝国皇帝查理五世和法国国王弗朗西斯一世签订和约，墨西哥城（在阿兹特克首都的废墟上新建而成）大广场上举行了一场规模巨大的盛宴。这场盛宴大摆排场、挥金如土、肆意炫富，成了新大陆有史以来出现过的最为铺张浪费的"炫耀性消费"例子之一。除了其他俗不可耐的奢侈品之外，其实还有葡萄酒喷泉。西班牙女人们获准透过窗户和走廊看男人们饮酒狂欢，她们则一边彬彬有礼地享用蜜饯和其他昂贵的食物，一边品味葡萄酒。但是巧克力也被装在金杯里呈了上来。这种口味会不会是她们而不是她们的丈夫从女仆那里学来的呢？

西班牙人对巧克力的爱好在一开始或许偏向女性一方——耶稣会士何塞·德·阿科斯塔（José de Acosta）在出版于 1590 年的《自然与道德史》（*Natural and Moral History*）一书中写下的带有一定偏见的评论确认了这一点：

> 这种可可豆的一大好处，是可以用于制作一种叫作"巧克力"的饮品——这种奇怪的东西在那个国家很珍贵。它让那些不习惯它的人感到厌恶，因为液面上泛着一层像浮渣一样的泡沫……它是一种珍贵的饮品，印第安人把它献给来到他们土地上或者取道而过的领主。后来，西班牙男士——还有更多西班牙妇女——对黑色的巧克力上了瘾。[8]

　　为了跨越种族之间在口味上的壁垒，成为生于西班牙的人和克里奥尔人都能接受的一种普通饮品，这种通常不加甜味剂的苦味冷饮必然经历它自己的杂合过程。第一项变化，是白人们坚持要喝热巧克力，而不是像阿兹特克人的习俗那样冷饮或常温饮用。我们会看到，这种习俗或许是从尤卡坦半岛的玛雅人那里学来的——他们对巧克力饮品的最初了解就是来自于这些玛雅人。第二，它经常被加入蔗糖以增加甜味。第三，侵略者更为熟悉的旧大陆香料，例如肉桂、八角茴香籽和黑胡椒，开始取代"耳花"和辣椒（不管怎样，这种调味料始终不是很受侵略者欢迎）等新大陆土生土长的调味料。第四，虽然某些特定的准备工作仍和以前一样——例如在一个加热的 metate（弧面磨石）上碾磨带壳的可可豆，但是现在的泡沫是通过用一种名叫 molinillo（搅拌棒，下文将对有更多关于它的内容）的大号木质调酒棒搅打热巧克力生成的，而不是在一定高度将巧克力液体从一个容器倒入另一个容器。

　　一项更进一步的创新也值得一提，因为它对于巧克力饮品传播到西班牙乃至散布到欧洲全境和不列颠群岛非常重要。这项创新是用压制为威化饼状或药片状的可可粉制作最终的饮料，可以添加热水和蔗糖。虽然有一项资料来源将这项发明归功于危地马拉的修女，但是我们已经看到阿兹特克武士领取这种威化饼，用来在打仗时冲泡出一种"速溶巧克力"饮品。西班牙人只不过把这些

在尼加拉瓜南部发现的在前殖民时期的弧面磨石，这种磨石可能就是用来研磨可可的。

威化饼当作一种方便的办法，用来储藏和运输可可浆液的干制产品。

跨越语言的壁垒

打败阿兹特克帝国的军事冒险家们或许有能力应对可怕的阿兹特克军事机
器，但是他们在对手讲的纳瓦特语中那些复杂的发音面前却束手无策。西班牙人始终不愿按规则重读纳瓦特语单词中的倒数第二个音节，他们也无法——或者不愿——正确地拼读纳瓦特语中常见名词词尾"*tl*"的发音，而把它读得好像"*te*"（或者在英语中写作"*tay*"）。科尔特斯听不出纳瓦特语的细微之处，这在他写给查理五世的信中有证据：他把首都的名字写成了"特米丝提坦"（Temistitan）而不是"特诺奇提特兰"（Tenochtitlan），还把部落之神"慧兹罗波西特利"（Huitzilopochtli）写成了"乌奇罗波斯"（Uichilobos）。他也许并不在意这些野蛮人管它们叫什么。

但是在征服新大陆之后，来自伊比利亚半岛的新移民不得不在日常生活中与这些人打交道——不管是在特诺奇提特兰遗留下来的残垣断壁上建立新首都，还是逼迫附庸国进贡，或是在四处侵占"新西班牙"传统土地的新建牧场和种植园上管理土著劳工。这是一个真正的"前线国家"，而且就像在任何其他前线国家一样，一种杂合化的生活方式成形了。纳瓦特语中表示植物、动物甚至饭菜的大量单词被此前不知道它们的西班牙人采纳，但也经历了语言上的

变化以适应西班牙人的口腔。于是，美洲野狗"*coyotl*"变成了"*coyote*"，玉米棒"*elotl*"变成了"*elote*"，葫芦瓢"*xicalli*"与"*jícara*"融为一词，等等。

巧克力以及用来制备和饮用它的装置也经历了相同的语言杂合化过程，与 这种饮品自身的"克里奥尔化"相符。西班牙语（以及英语）中的"*巧克力*"

（*chocolate*）一词就是一个很好的佐证。[9]我们 1993 年版的《韦氏词典》与大多数有关巧克力的图书和文章一致，都指出这个单词源自纳瓦特语单词"巧克力特尔"（*chocolatl*）。将词尾从"-*tl*"变为"-*te*"对于其他很多进入墨西哥西班牙语的名词来说似乎顺理成章，但是实际过程远比这种变化更加复杂也更加模糊。

我们首先必须要说的是："巧克力特尔"并未出现在真正的纳瓦特语或阿兹特克文化早期来源中！你在阿隆

四支搅拌棒或称巧克力打击器（本页和上页），出现在尼古拉·德·布雷尼（Nicolas de Blegny）1687 年的法文论著中。

索·德·莫利纳所作的第一部纳瓦特—西班牙语词典（早在 1555 年就出版了）中根本找不到这个词，在萨阿贡的百科全书中或是在现存数个不同版本的"*Huehuetlatolli*"（《古代谚语》）中也都找不到。在这些原始来源中，表示巧克力饮品的单词是"可可特尔"（*cacahuatl*），意为"可可水"——这是一个非常合理的复合词，因为这种饮品是由可可豆磨成的粉加上水制成的。科尔特斯自己也总是用"可可"（*cacao*）一词来称呼巧克力饮品，这个词几乎一定是从尤卡坦和塔巴斯科的玛雅人那里学来的。

但是在 16 世纪后半叶，西班牙人开始使用一个新词——"巧克力特尔"。曾于 16 世纪 70 年代在墨西哥进行研究的皇家医生弗朗西斯科·埃尔南德斯

也使用了这个单词。根据他的描述，这种饮品用等量的巧克力特尔（此处指"可可豆"）和磨碎的"起泡籽"（美洲木棉的种子）制成，由一根木质莫利尼奥搅拌棒打出泡沫。或许"巧克力特尔"正是在这期间被白人改成了"巧克力"，然后被他们用来称呼各种用可可豆制成的饮品；不管怎样，这就是何塞·德·阿科斯塔以及与他同时代的人对这些饮料的叫法。

118

"巧克力"这个名词甚至已经越过新西班牙的边境，传到了尤卡坦省，因为它作为对尤卡坦玛雅语中该饮品名称的注释，出现在了早期的玛雅语—西班牙语词典中——现藏于维也纳奥地利国家图书馆的一本此类词典中就是这样。不过，"巧克力"显然是西班牙人而非土著居民对它的叫法。

这个新词到底从何而来呢？接下来让我们对众说纷纭的种种猜测加以探究。具有权威性的西班牙皇家学院《西班牙语词典》（*Diccionario de la leugua espanola*）指出，它源自纳瓦特语中"*chocolatl*"（巧克力特尔）一词（与《韦氏词典》相一致）——相应地，这个词由"*choco*"（可可）和"*latl*"（水）构成。墨西哥的语言学家们无疑对这种词源学说法嗤之以鼻，因为纳瓦特语中并不存在这两个词根。一派更为可靠的观点认为，它是从假想的"*xocoatl*"一词变化而来——这个词由词根"*xoco-*"（苦）和"*atl*"（水）构成。这也是有可能的，但可能性不是很大，因为把"*x*"的发音（类似英语中的"*sh*"）改成"*ch*"并且插入一个"*l*"的理由并不充分。

现在，让我们回想一下侵略者最初是在玛雅低地地区了解到可可豆和巧克力饮品的，然后转回维也纳和其他非常早期的玛雅词汇：在那里，"叫作巧克力的饮品"注释为"*chacau haa*"，字面意思是"热水"——言外之意是这些人喝的是热饮而非冷饮。尤卡坦语中表示"热"的另一个单词是"*chocol*"，所以对同一事物的另一种说法是"*chocol haa*"。我们现在已经非常接近"*chocolatl*"了。

然后，"*chocolate*"（巧克力）还有可能源自基切玛雅语中的动词"*chokola'j*"——正如我们在第三章中看到过的，这个词意为"一起喝巧克力"。这条线索有待进一步研究。

杰出的墨西哥语言学家伊格纳西奥·达维拉·加里比（Ignacio Dávila Garibí）首先提出：西班牙人在创造这个新词时采用了玛雅语单词"*chocol*"，然后把玛雅语中表示"水"的字眼"*haa*"换成了纳瓦特语中的"*atl*"。[11] 于是我们就有了最初的"*chocolatl*"，然后又有了"*chocolate*"。目前在世的最伟大的纳瓦特语学术权威米盖尔·利昂 - 坡提拉（Miguel León-Portilla）告诉我们这是一种合理的解释，我们也赞同他的观点。绝大多数涌入中美洲的伊比利亚人都定居在旧阿兹特克王国而非没有金银的尤卡坦，他们需要用一个新词来表示一种他们学会热饮并用蔗糖增加甜味的饮品——而不是阿兹特克土著居民的那种冷饮、味苦、稀薄的"可可特尔"（cacahuatl）。"巧克力特尔"（chocolatl）和"巧克力"（chocolate）再适合他们不过了。

即便如此，使用"可可特尔"一词的白人之所以突然转而使用"巧克力"也一定有着更加令人信服的理由，而我们认为我们知道其原因。就像我们在现代社会的全球化即时通讯中看到的，在一种语言中平淡无奇的单词和词根如果转移到另一种文化和语言背景下，就常常变得极其令人尴尬。这种情况在某些韩语和中国广东话人名的发音与英语中四个字母的单词发音相似时最为严重，有着这种名字的人在跻身国际化商业环境时往往不得不采用新的拼写甚至新的发音。

"可可特尔"（cacahuatl）中的"可可"（caca）就遇到了这种情况。在大多数罗马语言以及它们的前身拉丁语中，这是一个表示粪便的下流词语或幼儿用词，常常被用来组成其他复合词甚至是表示排便的动词。西班牙语无疑属于此类语言（我们甚至能在一本18世纪初的西班牙语—英语词典中找到"cacafuego"这样一个词，意为"粪火"）。我们很难相信西班牙人在用一个以"caca"开头的名词表示一种他们已经开始喜爱的深褐色浓稠饮料时，心里一点儿也不别扭。他们迫切需要其他的词，而如果有博学的修道士想出了"巧克力特尔"和"巧克力"，我们一点也不觉得意外。

不过，词源学假说永远无法摆脱各种质疑。例如，更加令人困惑的是，塔巴斯科富饶的可可种植区——巧恩塔帕尔的现代居民自称为"巧克力"（Chocos），并且声称（也许带有地方沙文主义）这就是"巧克力"一词的由来！

我们已经看到，克里奥尔西班牙人通过采用搅拌棒（molinillo）或旋转搅拌器（一根带有纵向凹槽、在双手之间来回快速旋转的木棍），改变了在巧克力液面上制造泡沫的土办法。人们通常认为这个词是一种直截了当的西班牙语昵称，意为"小磨坊"，源自"磨坊"（molino）一词。但是，就像"巧克力"一样，这段故事可没那么简单。正如利昂－坡提拉博士指出的[12]，这种来回搅动的动作与欧洲的磨坊大不相同，有必要用其他字眼来表示。他已经证明，"*molinillo*"或许是一个更加克里奥尔化的纳瓦特语名词，源自意为"晃动、摇摆或运动"的动词"*molinia*"，其更直接的原型很可能是意为"运动或摇摆之物"的"*moliniani*"。

至于阿兹特克原住民和早期西班牙殖民者用来喝巧克力泡沫饮品的葫芦瓢，它在纳瓦特语中本来是"*xicalli*"，但是很快就被克里奥尔化而变成了"*jicara*"——这个词之后被用于表示在整个新大陆以及在西班牙畅饮巧克力饮品所用的陶碗或陶杯。

跨越医学的壁垒

巧克力究竟对人的健康有益？有害？还是既无益又无害呢？这对于西班牙人来说是很重要的问题，两百年来，西班牙人仰仗着西方世界无价值且常常带来破坏性后果的医学理论体系，完全接受虽败犹荣的中美洲人民的这种饮品似乎颇不合理。

近代欧洲的医学实践基础是源于古典希腊的疾病和营养体液学说，直到19世纪现代医学和生理学的到来才退出历史舞台。体液学说的发明归功于希波克拉底（Hippocrates），公元前460—前377年在世。希波克拉底认为，人体含有四种体液——血液质、粘液质、胆液质和黑胆质。四种体液比例混合得当，人体便处于健康状态，疾病则是源于体液失衡。盖伦（Galen），出生于公元130年的一位希腊学者，采纳了体液学说并增加了自己的见解，即体液、疾病和药物具有热性或良性，湿性或干性等性质。比如，血液是热性和湿性的，而粘液是良性和湿性的（盖伦的体液体系在随后的数个世纪都被后人奉为圭臬，欧洲巴洛克时期这种学说的设想和应用，以及各种体液是如何与人体体质、季节和时令相联系的，参见第127页[*]的表格内容）。

盖伦作为一名医师获得了巨大的声望，甚至还为罗马皇帝看诊，他

---

[*]此页码为英文原页码，即本书页边码。——译者注

的病人包括马可·奥里利乌斯（Marcus Aurelius）和他可怕的儿子康茂德（Commodus）。盖伦的治疗原则是"以反攻反"，"热烧"需服"凉药"。引申开来，鉴于营养是健康体系的组成部分，食物被强行分成了刻板的类别。如同古典时期学界的两位巨人亚里士多德和托勒密那样，从黑暗时代到中世纪甚至持续到文艺复兴时期，希波克拉底和盖伦也一直受到欧洲人的敬畏，体液学说体系从来没有遭遇严重的挑战，在最好的医学院被奉为圭臬。后来的许多不切实际的想法也都是从这种学说中获得的灵感，如形象学说，认为治病在于"以形攻形"：想要治好耳痛，就要寻找形似人耳的草药、花朵或豆荚入药。

巫术、占星术和江湖医术诸如牛黄石（动物胃肠道发现的结石）的使用，都极大地丰富了体液学说。可见，西班牙人为新大陆带去的医学知识，很大程度上都是无根之谈。

相较之下，阿兹特克的缇克特（*ticitl*），即医生，在行医过程中使用了大量的巫术；虽然阿兹特克的病因学同样也建立在对立原则（如"热"和"冷"）的理论框架下，但其实践却远超西班牙的医学实践。这是由于阿兹特克人掌握了极其丰富的植物学知识，对帝国境内植物的方方面面了如指掌。人类学家（及药剂师）伯纳德·奥尔蒂斯·蒙特兰诺（Bernard Ortiz de Montellano）的研究显示[13]，阿兹特克人对于数百种植物的实际药效有着出众的经验性了解，国王甚至在位于莫雷洛斯的瓦斯特佩克设有植物园，种植了大量植物并进行试验研究。

西班牙国王菲利普二世在了解到阿兹特克的植物药典知识后，于1570年派出了皇家医师弗朗西斯科·埃尔南德斯横渡大西洋前往新大陆。上一章我们已经提到了埃尔南德斯的植物学著作，其中他将墨西哥的植物按照"热性"/"凉性"和"湿性"/"干性"进行分类*。"多亏"了他对盖伦理论的盲从应用，现在我们已经难以追寻到阿兹特克人对相同植物的分类方法，更无法得知阿兹特克式的草药使用，我们只能循其他途径探索答案。

---

* 这与环境温度与湿度并无关联，指的是植物的一种属性，类似于中医对草药性质的分类。——译者注

可可和巧克力自然吸引到了埃尔南德斯的注意。根据他的说法，可可种子"具有温和的属性"，但偏向于"凉性和湿性"；总体而言，可可种子营养丰富（然而这个优点却在欧洲饱受争议，详见下文）。由于其自带的"凉性"属性，可可制成的饮品最好是在炎热的天气中饮用，并可以用来治愈发烧。往巧克力里添加梅卡渥奇特不仅增加了美味，并且还因为这种香料具有"热性"属性，能够"暖胃、清新口气……（并）解毒、缓解肠痛和疝气"，等等。然而，添加了香料的巧克力饮品，正是因为"有催情效用"，让西班牙人愈发青睐有加。

奥尔蒂斯·蒙特兰诺的著作告诉我们[14]，被埃尔南德斯归在"热性"一类的植物和植物衍生品都带有强烈的气味或味道，或是带有一股苦味；而没有什么气味或味道则属于"凉性"。那么，添加了大量香料、苦味甚浓的巧克力是怎么变成"凉性"的呢？我们怀疑这是因为阿兹特克人本身认为巧克力是"凉性"的，而埃尔南德斯没有表示异议（虽然其他的植物他常常与阿兹特克人唱反调）。在阿兹特克的信仰里，奥克利酒也是"凉性"的；让西班牙人感到迷惑的是，阿兹特克人常常在进行高强度的劳作前饮用此酒，意在避免让身体过热而疲惫。但阿兹特克的病因学与盖伦的无稽理论没有多少相似之处，举例而言，发烧不一定是"热性"的，并不常用"凉性"的药物治愈而是让病人服用"热性"的药物来发汗，这非常符合现代的医学理论。

1591 年，胡安·卡德纳斯（Juan de Cárdenas）[15] 撰写出版了一部有关新大陆食物的著述（随后欧洲的"专家们"对这部著述进行了研读），其中采纳了埃尔南德斯应用盖伦理论对巧克力的分析，并进一步阐述到，"绿色"的巧克力会损害消化系统，带来诸如突发疾病、忧郁和心律不齐等令人担忧的症状；卡德纳斯还主张，可可在经过烘烤、研磨并与一点玉米粥进行混合后，会让人发胖，并有助于消化且使人心情愉悦、身体强壮。他认为巧克力有三个部分：

（1）"凉性"、"干性"和"泥土"的部分。

（2）油性的部分"暖而湿"，与空气相关。老可可豆制成的巧克力这个部分更多，可可豆的烘烤时间越长，油性部分越多。

（3）非常“热性”的部分，带有苦味；会致人头痛［这是咖啡因和或许是可可碱会带来的一种症状，因此并非不准确］。

阿兹特克添加的香料全都是“热性”的，卡德纳斯高度赞扬了维因纳卡兹利，即“耳花”的功效——护肝、促消化、祛风。卡德纳斯建议，“热性”（体温过高）的人应当饮用添加了玉米面和糖或是蜂蜜和热水的巧克力来降温祛热。

124 大部分的信息对于追求健康身体、合理饮食的西班牙人来说都是有用的好消息。16世纪，可可成为西班牙索求的贡品之一，成了一种货币，也成了第一种因其美味而非必要而被西班牙人所接受的美洲食物。但可可也跨越了语言和健康的壁垒，彻底进入了欧洲人的视野。接下来，可可要面对的就是宗教教会设下的壁垒，我们在下一章来好好看看故事的发展。

第五章　巧克力占领欧洲

我在多切斯特（Dorchester）酒店等待副总督托里先生，与他共同享用早点的鹿肉和巧克力，我笑称这是餐桌上马萨诸塞州和墨西哥的邂逅。

——《塞缪尔·休厄尔日记》

塞缪尔·休厄尔（Samuel Sewall，负责 1692 年不知名的巫术审讯的法官，后来非常后悔他的审判）在 1697 年的秋天写下了这句话。[1] 马萨诸塞州到底是如何与墨西哥邂逅的呢？可可是如何从发源地中美洲横跨大西洋到达西班牙的？又如何在欧洲广泛传播，传到不列颠群岛？又如何从不列颠群岛跨越大洋传回大不列颠美洲殖民地？什么人在什么时间以何种方式带着可可横跨大洋？这就是我们这一章要探讨的主题。读者朋友们可以看出，在整个过程中确定性与不确定性并存，确凿的事实与推测（并不一定都是没有依据的推测）同在。我将尽最大努力将事实与传说区分开来，如有不当之处也请谅解。

文艺复兴时期的欧洲人首次"发现"了可可和巧克力，到巴洛克时期开始进口可可。当时富裕阶层和掌权阶层会在自家宫殿和官邸制作并饮用可可。可可在中美洲就是一种精英饮品，到欧洲也是一样。不过是饮用者从古铜色肌肤、身上插满羽毛的美洲人变成了肤色雪白、喷着香水、头戴假发、衣饰华丽的欧洲皇室和贵族。当时正是太阳王路易十四执政时期，托斯卡纳公爵们放荡

关于四种体液（即希波克拉底和盖伦提出的体液系统中的粘液质、血液质、胆液质和黑胆质）的16世纪德国木刻画，这四种体质也与四种季节的寒、湿、热和干的性质以及四元素及星座有关。

欧洲巴洛克时期盖伦的体液理论表

液 体 （体液）	性 质	器 官	体 质	时 间	季 节
血 液	热、湿	肝	血液质	晚上9点—凌晨3点	春
黄 胆	热、干	胆囊	胆汁质	凌晨3点—上午9点	夏
黑 胆	冷、干	脾	黑胆质	上午9点—下午3点	秋
粘 液	冷、湿	肾	粘液质	下午3点—晚上9点	冬

颓废，反宗教改革教堂日益壮大，由吕利、库普兰等天才音乐家作曲的舞台剧和教堂宗教剧如火如荼，马萨林、黎塞留等主教魅力四射，宫廷宴饮、招待座无虚席，此时由查理二世执政的英格兰正处在王政复辟时期。

在这样一个人心躁动的时代，巧克力传入了欧洲。西班牙人剥去了中美洲人赋予巧克力的精神意义，给它注入了在阿兹特克和玛雅前所未有的性质：征服者认为巧克力是一种药物，可对他们赖以生存的体液系统起作用。带着这样的定位，巧克力在欧洲各宫廷、贵族之家和修道院间传播，但人们很快也学会品鉴这种"药物"的味道与香醇，感受它的刺激作用。原本有治疗作用的药物突然用作休闲饮品是否会让我们大吃一惊？恐怕不会，因为这样的转变在现代欧洲和美洲并不鲜见，其中最著名的例子就是可口可乐：这种甜味的碳酸饮料中含有大量源于类似可可的可乐果的咖啡因和部分可卡因（今天的可口可乐已不含可卡因，但古柯灌木的豆荚形状依然体现在可口可乐的传统包装瓶形状中），起初是美国南部的一种专利药物。此外还有汤力水或奎宁水、苦啤酒及许多餐后酒和其他酒精饮料（如苦艾酒）。就连与巧克力同时传入欧洲大陆的咖啡和茶起初也都被列入药品之列。最后，无论人们因为什么疾病而将这些饮料作为药品服下，都上了瘾。

在巴洛克时期，关于巧克力的很多评论都采用了医学术语。因此，也许我们应该在深入探讨巧克力在欧洲的早期历史前，从此时切入，先行叙述当时欧洲的医学理论。在盖伦的理论和实践中，人体由四种体液构成，只有四种体
液彼此平衡，人体才能健康。每一种体液都有其特殊性质——"热"或"冷"、"干"或"湿"。每一种体液都存在于某个器官内，这个器官的功能就是分泌这种体液。比如在哈维发现血液循环理论之前，人们普遍认为肝造血，再由动脉运输至身体各个部位。我们今天可能会对盖伦的理论嗤之以鼻，但我们依然习惯性地说爱由心生。

欧洲巴洛克时期，体液说不仅应用于身体，也适用于各种现象和情况，如日期、四季的分割，甚至方位基点的区分。前页的插图即是人人仰仗的图表的一部分，连太阳王的御医也不例外。

如上一章所述，给病人开药方或食疗方时均应遵从盖伦理论。如果患者得

了热、干性质的疾病（即与黄胆汁有关），则应开冷、湿性质的药或食疗方。于是这套无用的系统越分越细，直至给所有药物、食物、调料等都按四种性质分了等级。根据皮索（Piso）医生[2]于1658年在阿姆斯特丹出版的小册子所言，香草"热性等级为3级"，梅卡渥奇特调料"热性等级为4级"、"干性等级为3级"。如果有人想把这样的调料加入巧克力，最好先检查自身的体液状况。

如果我们想想巴洛克时期欧洲人面对药物时的恐惧，就不该嘲笑这种理论和实践的幼稚了罢。当时的欧洲人对病原学一无所知，如感染、传染病和瘟疫的成因，为何妇女总是死于产褥热，等等。当时解剖学和生理学的学科刚刚开始发展，但尚未对医学带来显著的影响。当时的医师不进行麻醉和消毒就开始手术，手术过程也很短。可是病人即使未因失血过多或休克在手术台上丧命，术后也难逃败血症和坏疽的困扰。如上文所述，与新世界土著相比，欧洲人关于药用植物的了解少得可怜，土著人被他们杀戮得所剩无几。在这样的情况下，无论是患者还是医师，都只能胡乱抓救命稻草，即希波克拉底和盖伦漏洞百出的理论体系，剩下的事只能祈祷上帝了。要想理解巧克力引入欧洲和在欧洲的传播，必须考虑到欧洲的时代背景。

可可在西班牙："买下巧克力，以臻完美"

没有人能确定可可何时初抵西班牙。很多书籍和文章认为埃尔南·科尔特斯将可可带入西班牙，但这一说法也并无历史依据。如果埃尔南·科尔特斯有机会将可可运回西班牙，那应该是在1519年，当时他尚未入侵阿兹特克首都特诺奇提特兰。这位未来的墨西哥征服者从韦拉克鲁斯沿岸的总部向西班牙发出了一艘货船。船上装着皇家五一税（Royal Fifth）——向西班牙缴纳他在中美洲掠夺财物的五分之一，这是他的君王该得的部分。我们查阅了船上所载货物的详细描述和清单（阿尔布雷希特·丢勒［Albrecht Durer］在布鲁塞尔见到这份清单时激动不已），并参考了当地书籍，发现这批货物中多为金银器物，并不见可可的记载。

第二次机会得等到1528年。科尔特斯认为自己伟大的征服应获得荣誉和特权，因此带着墨西哥的财富和奇观样品，在宫殿求见当时神圣罗马帝国的皇帝查理五世。[3] 他带去的贡品有：蒙特祖玛的几个儿子，"大量墨西哥的绅士和贵族"、八位杂技演员、带着神奇的橡胶弹球的要球人（这是在欧洲闻所未闻的）、几个患白化病的人、侏儒和"野兽"（不确定到底是什么人）。科尔特斯简直带来了整个动物园，资料中提及的有几只美洲豹、几只信天翁、一只狐猱和一只负鼠。进贡给残暴的哈布斯堡统治者的礼物还有：兽皮、毛制披风、扇子、盾牌、羽毛和黑曜石镜子。但这份资料中依然未提及可可或任何其他种子或植物制品。科尔特斯确实获得了贵族的头衔，以及对墨西哥广袤土地的所有权，可是显然这一切并非由于他向君主介绍了美妙的巧克力饮品。

根据第一份关于首现西班牙的可可的文件记录中，当时的可可来自玛雅一个在可可史上并不重要的地区，即奎克奇（Kekchi）玛雅。危地马拉的奎克奇玛雅位于上维拉帕斯（Alta Verapaz），此地毗邻贝登，遍布雾林山脉和肥沃的峡谷，风景优美，产量丰盛。巴托洛梅·德拉斯·卡萨斯曾率领良善的多米尼加人用善意和理解制服了反抗的奎克奇玛雅人，并未使用暴力，因此西班牙人称之为 Verapaz，意即"真正的和平"。此举大获成功。1544 年，多米尼加的修道士带着玛雅的贵族代表团谒见西班牙菲利普王子，感谢他的宽宏大量（可惜他成为菲利普二世后心胸狭窄了许多）。[4]

西班牙王子关切他们衣着如此单薄，该如何适应西班牙冬季寒冷的气候，由此可见这些奎克奇人应是穿着传统服装来谒见王子的。我们有一份他们从遥远的美洲大陆带给西班牙王子的礼品清单，其中（在他们眼里）最贵重的礼品是2000 根绿咬鹃羽毛，绿咬鹃生

埃尔南·科尔特斯 43 岁时的铜制奖章。没有证据表明是这位著名的占领者将巧克力引入了欧洲。

活在他们的雾林中（并存活至今），羽毛鲜艳。此外还有陶器、漆瓢以及各类辣椒、豆子、撒尔沙植物、枫香树（金缕梅）、科巴脂（一种树脂）香等植物制成品。他们还带来几罐碾碎的巧克力，就我们目前掌握的资料而言，这是巧克力在旧世界首次出现，我们也只能希望菲利普王子在这历史性的一刻礼貌地尝了尝这种异域饮品。

以上便是我们目前掌握的事实。可是我们应谨记，西班牙和新大陆在整个16世纪往来频仍，军人、平民和牧师都曾频繁来往于大西洋两岸。可能奎克奇事件只是历史上的一次偶然，巧克力实际上是通过美洲的（女）修道院及其西班牙总部进行传播的。如果确实如此，那么可可的跨洋贸易时间要晚得多，直至1585年，第一批可可豆才经正规货运途径从韦拉克鲁兹运至塞维利亚。

且不论巧克力究竟何时以何种方式进入伊比利亚半岛，学界普遍认同西班牙宫廷在17世界上半叶就接纳了巧克力，他们的饮用方式与在墨西哥的克里奥尔西班牙人一样，均是热饮。

1701年，一位英国旅行者（笔名为 E. 沃亚德［E. Veryard］）出版了一本《选择评论》（"Choice Remarks"），记叙了17世纪下半叶他的西班牙之旅，其中清晰且详细地描述了西班牙人如何制作巧克力，全文摘录如下：

西班牙人据称是欧洲唯一一个能制作品质上乘的巧克力的民族，于是我也前去学习，具体制作流程如下：取20磅可可豆，分成4至5小份，分别在满是洞眼的铁锅内用小火干燥，一刻不停地翻动。即使外壳剥落也不一定已干燥充分，需用手试捏，至能将种子捏碎为止，亦不可过度干燥至成干末。此为预制步骤。将干燥后的可可豆倒如盒子或其他容器中，将其聚拢。每两个小时翻动一次，夜间翻动2至3次，以免自燃。次日，将可可豆置于石上，用滚筒轻轻辗压，用扬谷器将辗下的壳分离，如有残余的豆壳，需手工捡出，再用筛子筛去灰尘。清理完毕后，将可可豆倒入暖锅，置于下有火加热的石头上，烧成一大团。称重，加入4盎司肉桂和适量精糖，至总重量为25磅，并用手混合均匀，使材料粘连。再次进行碾压，不过此次碾压时间更长、力度更大，要使材料充分混合，至看不出肉桂和糖的痕迹为止。将25个香草豆荚磨成细粉后加入（具体数量取决于各人口味），并像加入精糖后一样进行研磨。在臼中捣碎一德拉克马的麝香，同干糖一并倒入，并再次研磨。也有人会加入一点 *Acciote*，这是一种来自西印度群岛的红土，旨在提色；不过最后两种调料均并非必需。最后，各人可根据各自的喜好将巧克力做成蛋糕形、砖形或卷形。卷形的做法是：将一大张牛皮纸分成4份，按重量在每张纸上均匀地涂满巧克力，可尽量多涂一些，然后将纸卷起，直至定型。蛋糕形的做法是：在一张纸上放10小份或12小份巧克力，将每一小块向桌上摔打至成型。砖形的做法时：先将纸折成立方形，再将巧克力倒入，在纸盒中冷却变硬。[5]

除麝香（一种异域调料，可能是从意大利传入的）部分外，这种巧克力制法（也是墨西哥16世纪末的标准制法）在西班牙及整个欧洲广泛传播，至梵·豪登在19世纪初有了革命性的发现后方有所变化。

然而，与当时许多西班牙人喜欢的巧克力制法相比，沃亚德的食谱还是非常简化的。安东尼奥·科蒙内罗·德·雷德斯玛（Antonio Colmenero de Ledesma）在1644年的记录（这份文献的译本在欧洲其他国家乃至英格兰广泛传播）中描述了贵族饮用巧克力时常用的调料。他先提醒我们巧克力属"极寒极干"性（因此，按体液体系的可怕逻辑，可能会导致抑郁），后又提供了一份食谱：

安东尼奥·科蒙内罗·德·雷德斯玛食谱（1644）

100颗可可豆

2个辣椒（可替代黑胡椒）

一把大茴香

"耳花"

2个梅卡渥奇特［*mecaxochitl*］

（如无以上两种调料，可用亚历山大玫瑰粉末替代）

1 棵香草

2 盎司（60 克）肉桂

12 颗杏仁和 12 颗榛子

半磅（450 克）糖

胭脂树提味

无论采用哪种配方，均应将做成蛋糕形、卷形或砖形的硬质巧克力与热水一同放入专用的罐子或巧克力锅中，并盖上中间有豁口的盖子，豁口处搁置搅拌棒。然后进行常规的拍打，以产生泡沫。科蒙内罗·德·雷德斯玛也了解其他制作巧克力的方法，如冷水法。但他不建议使用冷水法，因为他认为印第安人能安然无恙地饮用这种巧克力是因为美洲酷热的气候，而欧洲人饮用冷水制作的巧克力会导致腹痛。

134
许多美食作家都有一个误解，认为人们至 19 世纪才开始固体巧克力的制作，因此这种制作方法是一个现代发明。然而有证据表明，西班牙传教修士和修女早就开始在墨西哥制作固体巧克力。一位现代作家称，这些墨西哥人通过贩卖这些甜品积累了大量财富。固体巧克力甚至给欧洲巴洛克时期的宴会桌增色不少，常与各类糖果、果汁及其他甜品摆放在一起。

既然巧克力一开始是作为药物，西班牙的医师当然对此发表了意见。墨西哥的胡安·卡德纳斯医生就曾在 1591 年宣布巧克力的性质虽是"寒性"，但加入巧克力制品的新大陆调料却是"热性"的，所以最终的成品应为中性。胡安·卡德纳斯医生称，"体热"的人（大约新西班牙地区的人均多为热性体质）将巧克力与玉米粥及糖同饮，可以使身体"偏寒"，也可与蜂蜜和热水同饮。

巴托洛梅·马拉多（Bartholomeo Marradón）于 1618 年发表了一段关于上述理论虚构的对话[7]，这段对话很有意思，背景设在墨西哥或西班牙（不确定具体在哪里）。对话的各方为一位医生、一位美洲印第安人和一位"资产阶层"，三人就巧克力发生了争执。医生的看法比较消极：可可豆"味道苦涩……不讨人喜欢，难怪饮用巧克力的人也对这种饮品充满恐惧"。

他继续说道："我坚信，印第安人常患的梗阻、锥虫病和水肿病都是因为饮用了土性和寒性巧克力和可可。"印第安人则当仁不让地为自己的当地饮品辩护；资产阶层则比较理智，想说服双方通过理性思考达成一致。

一开始，无论是西班牙皇室还是参加舞会的贵族，均按中美洲的传统饮用方式，从瓢或陶制 *jícaras*（小碗）中啜饮泡沫巧克力，但要想按宫廷礼仪优雅地饮用实属不易。最后还是源自海外的巧克力托杯（*mancerina*）解决了这一问题，到 17 世纪中期，这种托杯已成为西班牙巧克力服务标准的一部分。这种巧克力托杯的来源和名称可追溯到曼塞拉（Mancera）侯爵，1639 年至 1648 年间任秘鲁总督。[8] 当看到一位参加总督宴饮的女士不小心把一碗巧克力洒在裙子上，他大为震动，决心找到一种喝巧克力的好方法。于是他命令一位利马的银匠做了一只盘子（或称茶托），中间有一圈环状凹槽，一只小杯子置于其中而不会乱滑。这就是巧克力托杯诞生的过程，后来欧洲的陶器匠将其改进为陶瓷托杯。

在整个 17 世纪，巧克力并非西班牙哈布斯堡王朝统治者的专享，也在公共展览和游行中大放异彩，这也是巴洛克时期西班牙的典型做法，斗牛和宗教法庭处刑（*allto-da-fé*）也是如此。在科西莫·德·美第奇成为科西莫三世及托斯卡纳大公爵（成为公爵的年代更短），曾于 1668 年和 1669 年造访西班牙和葡萄牙。[9] 西班牙国王以国礼相待，并邀其观看斗牛，向科西莫及其随从送上盆装的蜜饯及冷水、大杯装的巧克力。鉴于科西莫是当时最大的巧克力爱好者之一，他很可能端起这一大杯巧克力一饮而尽。

约瑟夫·德·奥尔莫（Joseph de Olmo）描述了 1680 年在马德里宗教法庭的一次行刑的场景。[10] 整个过程非常可怕，只要宗教法庭认为有罪的人，均由"民事权力机关"进行惩罚和处理。这次行刑持续了一整天，国王（怪异而狂热的查理二世）在阳台上亲自监视。高级别的官员，如传教士、民事权力机关首脑、神圣办事处委员、外国大使等也按要求出席，席间有茶点供应，包括饼干、巧克力、甜点和甜味饮料。虽然奥尔莫并未记录受刑者是否也可享用巧克力，但其他资料表明宗教法庭调查的调查对象是有权享用巧克力的。

有一位外国旁观者对这种犹太人（犹太人是神圣办事处的主要目标）的可怕处决深感厌恶，她就是 1680 年法国大使的夫人玛丽·德·维拉斯（Marie de Villars）。和其他来访西班牙的法国人一样，德·维拉斯夫人对西班牙的许多风俗持有偏见，尤其是西班牙带有大蒜味的饮食。同一年，她在一封致友人的信中如是描述巧克力：

> 我仔细研究了巧克力餐谱，估计它对我的健康很有利。我很有节制，并不嗜食巧克力。巧克力虽然美味可人，但我的性情无法接受巧克力的滋养（巧克力的性质应是忧郁的或冷的）。我总是在家制作巧克力，这样做出的食物一定是无害的。我总想，要是有机会再见，我一定会让你有节制地吃下巧克力，让你不得不承认这真是对健康再好不过的了。我对巧克力不吝赞美！别忘了我现在身处西班牙，喝巧克力已成我唯一的乐事了。[11]

知名法国寓言作家多尔诺瓦夫人（Mme D'Aulnoy）当时也在西班牙，回法国后出版了一部她在西班牙生活的故事集。书中不仅带有常见的法国民族的自傲，也对西班牙宫廷和贵族饮用巧克力进行了准确的评价。书中记述了作者于 1679 年赴公主下午茶的场景，在上过 *confitures*（蜜饯）后：

> ……接着，他们用瓷杯端上了巧克力。杯子放在玛瑙镶金托盘中〔这是巧克力托杯的进化版〕，还配上一只玛瑙镶金碗用来放糖。一份是冰巧克力，一份是热巧克力，还有一份加了牛奶和鸡蛋。客人就着巧克力，吃一点小饼干或干面包……另外，他们还喜欢在巧克力中加入大量胡椒和香料，居然也没把自己烧起来〔读者朋友们应该还记得，香料是"热性"的〕。[12]

137　多尔诺瓦夫人还描述了她身边的夫人们：

> 她们的牙齿都很健康，可惜没有精心保养，又常饮糖和巧克力，因而有些泛黄。此外他们还有一个很糟糕的习惯，不管周围有没有人，也不管男女，都会用牙签剔牙，简直成了一道风景线。[13]

由于巧克力的味道很重，在巴洛克时期的西班牙乃至整个欧洲都成了毒药的绝佳掩护。多尔诺瓦夫人就曾记述过一桩非同凡响的下毒案。[14] 一位西班牙上流社会的太太，因遭情人无端抛弃，意欲报复。她请他来家中，让他在匕首和下了毒的巧克力中进行选择。情人端起巧克力一饮而尽，还抱怨糖放得太少，无法掩盖毒药的苦味。一个小时后，情人痛苦地死去，而这位太太"残忍地目睹了全过程"。

巧克力在意大利："精致而高贵"

欧洲的巴洛克时期正在经历宗教战争，天主教和新教激烈对抗、改革派和保守派针锋相对，整个欧洲版图就像一片大战场，联盟分分合合，瞬息万变。在这一时期追寻精英阶层的官邸、别墅、豪华宫殿及宗教建筑中巧克力的踪迹绝非易事。

虽然新教统领在意大利未设军队，但其他各方势力均有军队驻扎意大利。请注意意大利王国至1870年才完成统一，在此之前是没有意大利国家概念的。在此之前的几百年间，意大利之"靴"的南部，即西西里等地，是西班牙的领地；亚平宁半岛中部及亚得里亚沿海属于罗马教廷领地；而北部各城邦则为独立城邦，只是经常被法国及神圣罗马帝国（及其后的奥地利）占领。各城邦均保留了自己的语言文化、王室或贵族家庭及自己的军队（教皇也有自己的军队，常与世俗势力苦战）。美第奇等实力雄厚的家族常通过联姻的方式与其他势力勾结，这种高层次的联姻是标准的联盟方式。这些贵妇在意大利的各城邦间游走，有时也出现在外国的宫廷，无形间传播了精英文化，尤其是精英的饮食文化。

看来继西班牙和葡萄牙之后，意大利人也开始饮用巧克力。但意大利引入巧克力的历史与欧洲其他地区的巧克力引入史一样疑团重重，一如欧洲后哥伦布时期梅毒的传播。甚至出现了几种相对立的理论。[15] 有人认为是萨沃伊的埃曼努埃莱·菲利伯托（Emanuele Filiberto，1528—1580）将巧克力引入意大利。他是西班牙军队将军，在圣昆丁战胜法国后回到意大利。亦有人称将巧克力引入意大利的功臣是西班牙菲利普二世的女儿、1580 年至 1630 年萨沃伊公爵卡洛·埃马努埃莱一世的妻子——奥地利的凯瑟琳。但两种说法均无有力的证据支撑，只能说都与萨沃伊有关。

大多数历史学家认为是弗朗西斯科·安东尼奥·卡莱蒂（Francesco d'Antonio Carletti）在意大利首开饮用巧克力之先河，这种看法成为主流意见。卡莱蒂是佛罗伦萨的商人，像马可·波罗一样，他也环游世界，探索新市场、寻找新产品（亦有人称他和哥伦布一样是奴隶主）。卡莱蒂 1591 年离开家乡佛罗伦萨，于 1600 年抵达一个叫 S. Jonat 的地方。按卡莱蒂的描述，此地毗邻危地马拉，位于萨尔瓦多的太平洋沿岸，盛产可可（但他也知道，可可的主产区位于此地以西的危地马拉境内）。卡莱蒂在报告中描述了可可种植与加工的各个阶段，其中也包括在制作过程中搅拌棒的使用。1606 年 7 月，他回到佛罗伦萨，将手稿上呈托斯卡纳大公爵斐迪南一世·德·美第奇，可惜大公爵无动于衷。直至 1701 年，卡莱蒂才等到出版手稿的机会。1666 年之前，伟大的诗人、科学家弗朗西斯科·雷迪（Francesco Redi）查阅了这份手稿，并在其《托斯卡纳的巴克科斯》（*Bacco in Toscana*）一书中引用了卡莱蒂的手稿中很长一段关于巧克力的描述。[16] 雷迪在巧克力的历史上起到了重要作用，我们将在后文中详述。

可是卡莱蒂在日记中从未提及自己是否曾将可可或巧克力带回意大利，也没有任何证据表明意大利人是从他那儿学会饮用巧克力的，这让雷迪和其他爱国的托斯卡纳人大失所望。我们已经在第三章及第四章中读到，米兰的吉洛拉莫·本佐尼和皮埃特罗·马蒂尔·丹吉埃拉一个世纪前就开始"争相记述"这个故事。

先不论本该获此殊荣的卡莱蒂，一位罗马医师——保罗·萨基亚（Paolo Zacchia）在他于 1644 年出版的《臆想病》（*De' Mali Hipochondriaci*）一书（这书名在我们看来很奇怪）中提出了更有力的证据。当时，萨基亚医生已了解到巧克力，不过只了解它的药用属性："我还想提及一种近年来从葡萄牙传入我国的药品。这种药品源自印第安，名为 Chacolata。"[17] 萨基亚对可可豆为

"寒性"的说法提出质疑，认为用可可豆做出的药剂是"非常热的"。然而，可可豆的盖伦属性之所以会发生这样的变化，是因为萨基亚建议使用的调料和添加剂与西班牙人和墨西哥人使用的类似（萨基亚未建议添加辣椒，因为在西班牙占领的意大利北部地区，这种调料并不受欢迎），均为热性。萨基亚称，晨饮巧克力可养胃助消化，但是由于其"热性"属性，也不可过度饮用。按照萨基亚医生的描述，巧克力在当时的罗马尚属新鲜事物，此外，除西班牙占领区有好饮巧克力的西班牙官员外，在意大利的其他地区也应是首次接触到巧克力。

140

巧克力也可能是通过由修道院、修女院构成的国际宗教网络以及连接欧洲和拉丁美洲的僧侣制度传入意大利的。17 世纪宗教纷争不断，其中最活跃的团体为反宗教改革的势力——耶稣会。1540 年，西班牙人依纳爵·罗耀拉（Ignatius Loyola）成立耶稣会，旨在从内部加强天主教教堂的权力、镇压异教徒，使教皇权力凌驾于国王、王子及国家权力之上。走进罗马最大的两座教堂——耶稣教堂和圣依纳教堂就像走进了巴洛克时代：17 世纪的内饰就像是贝尔尼尼的宣泄，金银、镀金青铜、灰泥、青天石和稀有的大理石做成的柱子交相辉映。耶稣会希望教堂能不断奋战、夺取胜利。教堂顶部绘有湿壁画，巴洛克风格的穹顶让人眼花缭乱。壁画中央，耶稣会圣人光芒四射，而异教徒、无信仰者和变节者被人从高空掷下，手里还拿着他们邪恶的书。

至 1624 年，共计有 1.6 万名耶稣会士，像之前的修道院一样，在欧洲乃至整个西班牙在美洲的殖民地拥有强大的政治力量，从而激起了殖民者和总督的嫉妒与怀疑。他们对自己统治的人民毫无怜悯之心，甚至还宣扬称印第安人不适合担任神职，这简直是种族主义者的言行。但他们却很高兴地接受了一项当地的习俗，即饮用巧克力。后来他们更成为可可贸易商，从中获利无数（"感谢上帝的荣耀"），具体将在下一章中详述。

罗马有宏伟的耶稣会教堂、贝尔尼尼壮观的青铜华盖和圣彼得大教堂眩目的柱廊、圣特雷莎用大理石描绘出的狂喜。相比之下，托斯卡纳首府佛罗伦萨的巴洛克风格就不如罗马的绚烂夺目。美第奇家族的最后一代家主——17 世纪托斯卡纳大公爵就是世家没落的绝佳例证，在彻底崩溃之前，这个豪

141

门世家已是千疮百孔。17世纪上半叶，美第奇家族仍能勉力支撑，斐迪南二世·德·美第奇长着球形鼻、性情随和、博学，也积极赞助科学艺术事业的发展。他赞助的实验学会（Accademia del Cimento）在皮蒂宫（即美第奇家族现在的宅邸）研讨，在科学领域取得了巨大的进展，只可惜实验学会也只是昙花一现。当时斐迪南二世·德·美第奇与他担任红衣主教的兄弟均是伽利略的追随者。

据书中的描写，斐迪南二世的妻子维多利亚·德拉·罗维雷"面色苍白、身躯痴肥、目光呆滞，还好管闲事"。[18]他们的儿子，即未来的科西莫三世（我们曾提及他的西班牙之旅）继承了他母亲的一切缺点，比如双下巴，好在也继承了他父亲的一些优点。1661年，这位继承人被迫与路易十四的侄女奥尔良的玛格丽特·路易（Margaret Louise of Orleans）结婚，婚后二人不睦。他的妻子不仅厌恶佛罗伦萨、厌恶意大利，也厌恶她的丈夫，这种厌恶已几近疯狂。在科西莫三世成为大公爵（他于1670年继承了父亲的爵位）后，玛格丽特·路易依然想判定婚姻无效。后未能如愿，但最终还是得以返回法国。

虽然科西莫三世夫人自己也很无聊乏味，但她对丈夫的仇恨却是事出有因。按照意大利历史学家路易吉·维拉里（Luigi Villari）的描述，科西莫三世"身体虚弱、虚荣伪善、性情偏执"。[19]而哈罗德·阿克顿（Harold Acton）爵士对他的描述则是"无法容忍任何自由的想法……他经常去教堂和修女院，每天去不同的圣坛祭拜"。[20]他还是一名宗教狂热分子，对"混合婚姻"，即天主教徒和犹太人通婚处以极刑。哈罗德爵士不惜用这样的语言描言描述这位有失身份的贵族：

玛格丽特·路易于1675年离开后，我们所知的科西莫的第一次冲动之举再一次证明他夫人关于他贪婪的指控：他引入了佛罗伦萨多年来闻所未闻的一套新系统，这套系统若在巴尔扎克笔下应被称为粗蛮的奢侈。虽然当时正值灾害时期，科西莫依然不惜重金从全球采办来最稀缺昂贵的香料……凡受邀前来赴宴者，无不欣羡大公爵餐饮的丰盛与奢华，只是大公爵常常酗酒，让人难生敬意。大公爵对外却在鼓吹"纯净的模范"，号召众人斋戒，并对臣民施以重税，使他们不得不禁食戒酒，自己却不加节制地享用美食。他邀请各国的陌生人，并允许他们描述自己的宴会，却很少宴请自己的臣民。[21]

克里斯多弗·希伯特（Christopher Hibeert）也是美第奇家族的一位记录者，他作出如是评价："科西莫三世本人享用大量的美食，体重急剧增加，面色红润，仿佛肿起来一般。"[22]

科西莫三世挥霍无度、管理混乱，再加上对臣民施以重税，终于榨干了曾一度繁荣文明的托斯卡纳，再也没能恢复元气。对此，维拉里总结道："托斯卡纳毁了。犯罪频仍、人民怨声载道。穷苦人民想工作而不得，只能靠领取救济过活，去教堂祈祷。"历史学家将这位凶残放荡的大公爵描绘成野兽，可就算野兽和暴君也能成为有鉴别水平的赞助人：尼禄挑选塞内加担任导师、佩特罗尼乌斯作为"公断人"，斯大林曾鼓励过普罗科菲耶夫，科西莫三世·德·美第奇也曾赞助过雷迪。雷迪于 1626 年出生在阿雷佐的一个富裕家庭，后在比萨大学取得医学及"自然哲学"（即科学）博士学位。最后成为斐迪南二世和科西莫三世的医师。

雷迪在多个领域均有天

科西莫三世·德·美第奇的大理石半身像，这位托斯卡纳大公嗜食而顽固。在这尊塑像完成前（1717），科西莫遵照雷迪要求的饮食计划，已经瘦了下来。

弗朗西斯科·雷迪（1626—1697），科学家、诗人、语言学家，并兼做其赞助人科西莫三世·德·美第奇的医生。正是雷迪发明了托斯卡纳宫廷著名的茉莉巧克力。

分，受大公爵赞助后愈发精进。作为一名生物学家，他是寄生虫学第一人，并有专著出版。但他在生物学领域的最大成就是一个实验：他用玻璃罩罩住暴露在空气中的肉，使苍蝇无法靠近，从而证明只有苍蝇在肉上产卵，肉才会生蛆。这一实验驳斥了亚里士多德以来就一直占据主流的自然发生说。两个世纪后，法国微生物学家帕斯图尔才做了类似的实验。

作为一名语言学家，雷迪在"文学学会"（Accademia della Crusca）任职期间对意大利语进行了深入研究，并致力于编撰托斯卡纳方言词典。为了学会、他的朋友以及大公爵，他还开始创作诗歌，其中一些有很高的价值。此外，他还继续担任科西莫三世的医生，要求他严格执行节食计划（科西莫三世一直活到 80 岁，这可能也验证了"好人活不长，坏人活千年"的老话），这可能也救了他的命。

雷迪在文学学会曾写过一部希腊风赞美酒神的诗集，题为《托斯卡纳的巴克科斯》（*Bacco in Toscaha*），至今仍被人称颂。[24] 什么是希腊风赞美酒神的诗？根据古典史料记载，这是一种献给巴克科斯酒神的诗体。这种诗体的风格越来越豪放，代表着酒神及其追随者喝下越来越多的酒，飘飘欲仙。雷迪的整首诗不仅对大公爵领地的葡萄园和美酒不吝赞美，也提及了三种异域的新式饮品（摘自利·亨特［Leigh Hunt］的 1825 年英文版）：

> 几杯巧克力，
>
> 啊，还有茶，

并非

为我而制的药剂。

当我目光触及

那杯苦涩的液体

就像喝下毒药

那种液体即是咖啡。[25]

　　确实，这个片段中对巧克力只是一语带过，但雷迪在 1666 年前后的脚注中却对巧克力作了大量的注解。我们知道，雷迪认为是卡莱蒂最先于 1606 年将巧克力引入佛罗伦萨，因此曾查阅过卡莱蒂的手稿。但是一个名叫托马索·雷努切尼（Tommaso Rinuccini）的日记内容却反驳了这一假设："1668 年，在西班牙广受欢迎的、名为 *ciocolatto* 的饮品传入佛罗伦萨，上述商店中有一家用土杯来盛装巧克力出售。按照口味的不同，可提供冷饮或热饮。"[26] 可能在此之前几年，佛罗伦萨人就已经开始饮用巧克力，但即使如此，能享受这种饮品的也只有住在皮蒂宫里的大公爵一家。无论如何，在《托斯卡纳的巴克科斯》一书中，雷迪称：

　　西班牙宫廷率先将巧克力从美洲引入，并不断完善其制作过程。在此基础上，我们的托斯卡纳宫廷又加入了新的欧洲调料，如新鲜的橙皮和柠檬，以及一点茉莉香。再加上肉桂、灰琥珀、麝香和香草，虽未让巧克力饮品更精致高贵，却能让人们饮用巧克力时的愉悦感官大大提升。[27]

　　在巧克力中加入新的香料确是巧克力发展史上的一次创新，而作为大公爵医生和药师的雷迪无疑在其中亦有贡献。其中的灰琥珀又称龙涎香，是一种固体的脂性物质，由鲸消化系统的肠梗阻所产生，有时被海水冲上岸，可在热带海滩上寻得。灰琥珀曾广泛运用于药品中，现在则因其紫罗兰香而用于香水中。麝香也是来自外国，是麝香鹿（一般生活在喜马拉雅山脉、西伯利亚和中国西北）的分泌腺分泌出的一种味道强烈的物质，也常用于香水中。麝香是目前已知的最浓烈的香味之一：一颗麝香可以让几百万立方英尺的空气中充满香味。[28]

科西莫三世的宫廷中有一道特色餐点，即口味细腻的茉莉巧克力。而麝香香气太重，因此无法用于这道餐点。雷迪严守着这道餐点的做法，他曾在1680年从佛罗伦萨写信给切斯托尼（Cestoni）先生，信中写道："你曾问我如何制作茉莉味的巧克力，很抱歉，有人明令禁止我分享这道餐点的做法。"[29]但雷迪却好心提醒自己的朋友不要用茉莉花水做这道餐点，因为茉莉花茶与可可是不相溶的。1697年，雷迪去世后，博物学者安东尼奥·瓦里斯涅里（Antonio Vallisnieri）掌握了这份所有巧克力饮品中最有巴洛克风情的秘方。下面我们给出这道秘方，有兴趣的读者可自行尝试：[30]

著名的托斯卡纳大公爵茉莉巧克力

原料

> 10磅（4.5公斤）烤过的可可豆，进行清洁和粗磨
> 新鲜的茉莉花
> 8磅（3.6公斤）干燥的白糖
> 3盎司（85克）品质上乘的香草豆
> 4至6盎司（115至170克）品质上乘的肉桂
> 两粒（半盎司或2.5克）龙涎香

做法

> 在盒子或类似的容器中，交替辅上若干层茉莉花和若干层碎可可豆，静置24小时。混合后，再铺上若干层茉莉花和若干层碎可可豆，静置24小时。如此重复10至12次，使茉莉花香完全渗入可可豆。然后将剩余的香料加入茉莉花和可可豆的混合物，并在微热的石碾盘上磨碎。如果石碾盘温度过高，茉莉花香可能会消散。

雷迪还在世时，他的耶稣会朋友——那不勒斯的托马索·斯特罗齐（Tommaso Strozzi）神父虽曾用拉丁文写就一首关于巧克力的诗，也未能一窥这份秘方。

多年后，即 1741 年，一位名叫马塞洛·马拉斯皮纳（Marcello Malaspina）（1689—1757）的佛罗伦萨人也出版了一部模仿《托斯卡纳的巴克科斯》的希腊风诗歌。马塞洛·马拉斯皮纳是一名律师，也是佛罗伦萨的上议院议员，还与雷迪同为佛罗伦萨文学学会的成员。《美洲的巴克科斯》[31] 的情节有些滑稽：酒神巴克科斯、森林之神西勒诺斯及其追随者乘船离开佛罗伦萨，不幸在危地马拉岸边（竟如此巧合）因风暴遭遇海难。他们上岸后发现一片可可树林，突发奇想用可可来做饮品。他们很快就爱上了这种饮品，感觉比葡萄酒还要美味。于是所有人狂喜地纵声高歌：

> 噢，美味的饮品！
> 噢，亲爱的巧克力！

最后，整个海滩上都回荡着他们对巧克力的赞美：

> 我们的神明万岁！
> 我们不该再称其为托斯卡纳，
> 而应称之为美洲巴克科斯。
> 众人祈求着信任我们
> 我们边饮用边评判
> 巧克力是万饮之王。[32]

穿越教会的障碍

无论是对于西班牙及其殖民地、法国还是组成意大利的各城邦，巧克力罐子里都有一只挥之不去的苍蝇，即巧克力不断遭受的质疑：饮用巧克力到底是否破坏了教会的斋戒。简而言之，巧克力到底是饮品还是食物？它的作用仅限于解渴还是也能滋养身体？如果巧克力既是食物也是饮品，那么天主教徒从午夜到圣餐时间就不得摄入巧克力（1958 年，梵蒂冈二世将时间削减到一小时）；斋戒日也就不得摄入巧克力，其中包括大斋节的 40 天。[33]

神职人员和非宗教人士就此问题争论了 250 年，连教皇也加入了纷争：其中文献浩繁冗长，我们在此就不赘述了，只简单地探讨其中重点。关于巧克力的争论的很多方面都与之前关于葡萄酒的争论类似。宗教团体也纷纷发表观点，比如耶稣会（耶稣会进行巧克力贸易，因此其实是利益相关方）就认为巧克力并不违反斋戒，而耶稣会当时的主要对手——禁欲的多米尼加人则持反对意见。比如圣西蒙公爵的回忆录中就有记载，耶稣会顾问曾建议路易十四在斋戒日像他们一样饮用巧克力，但不允许他像平常一样用面包蘸巧克力吃。

1591 年，胡安·卡德纳斯在墨西哥首次就此问题宣战。[34] 他认为"饮品"一词（西班牙语为 bevida）有两种解释：（1）任何可供饮用的东西；（2）用于消疲止渴的液体。任何起滋养作用的物质都可在磨碎后加入（1）。至于（2），普通的水消疲止渴的作用最佳。因此，卡德纳斯认为，"斋戒"就是要禁止摄入食物和解渴的液体来苦修身体（这个概念与穆斯林斋月惊人的相似），那么任何形式的巧克力在任何时刻都破了斋戒。

但这个理论让很多墨西哥人，包括总督不满。总督因此询问奥古斯丁·达维拉·帕迪拉（Agustín Dávila Padilla）修士的意见，结论是摄入巧克力或葡萄酒均不算违反斋戒。[35] 最后，在恰帕斯州（恰帕斯州人自称是巧克力的发源地）州长的唆使下，一位高级教会圣职人员就此事询问了教皇格里高利八世。这位教皇坚决反对宗教改革，曾在圣彼得大教堂为圣巴托罗缪之夜举行了一场弥撒。教皇称摄入巧克力并不违反斋戒。在此之后的几百年内，继任的各位教皇：克雷芒七世、保罗五世、庇护五世、乌尔班八世、克雷芒六世和本笃十四世也被问及关于此事的意见，他们的回答也是一样的。

即使教皇明确给出了意见，道德上极端严格的教会圣职人员依然在继续尝试禁止在斋戒时摄入巧克力，他们最常用的论据就是巧克力能滋养身体，因为人们摄入巧克力后能多支撑很长一段时间。当然，还有一个理由即任何食材均可磨碎后加入巧克力。1629 年前后，西班牙人胡安·索罗萨诺·佩雷拉

（Juan de Solozano y Pereyra）也为反对的声音注入了新的力量：根据贝尔纳尔·迪亚斯关于蒙特祖玛的"宴会"的不确定描述，索罗萨诺称巧克力会激起性欲，这种说法并不鲜见："因此，巧克力的性质是与斋戒精神相违背的，因为斋戒就是要减少性欲。"[36]

文献被后世引用得最广泛的是另一个西班牙人——安东尼奥·莱昂·皮内洛（Antonio de León Pinelo），他于 1636 年就此问题出版了一本书。[37] 这本书的意义已超越问题本身，因为书中详细描述了巧克力的生产过程和配方，甚至对可可、巧克力以及关于巧克力的几位作者也了如指掌。他的结论很合理，即要解决这个神学问题，得看饮品中加入了多少滋养性物质：如果加入了大量此类物质，则巧克力也具备了滋养功能；如果只是用清水制作，那么巧克力就只是一种饮品，可在斋戒时饮用。1645 年，另一个西班牙人托马斯·乌尔塔多（Tomás Hurtado）也采取了类似的中立立场，他是塞维利亚大学的神学教师。他也认为，如果巧克力中只加入了清水，而未加入牛奶或鸡蛋，则可在斋戒期饮用。有趣的是，乌尔塔多认为巧克力中可加入玉米末，却不能加入"外国豆末"（这里当然是相对于可可发源地墨西哥的外国），如蚕豆和鹰嘴豆（这是我们发现的巴洛克时代关于巧克力添加物的唯一文献）。[38]

1644 年，意大利人弗朗西斯科·玛丽亚·布兰卡乔（Francesco Maria Brancaccio）也认同这种比较宽容的观点。[39] 他认为，巧克力中如果加入面包屑（西班牙人经常这么做）等物质，或是食用固体巧克力，就肯定有滋养作用。但如果只是加入清水，那么巧克力就和葡萄酒一样，只是一种单纯的饮品，在过去的一千年中，人们都可以在斋戒期饮用葡萄酒。他认为，巧克力是一种益处颇多的药物，可以"维持体温、产生纯净的血液、活化心脏、维持自然能力"等。斋戒并非神的旨意，而只是教会的规定，因此应根据巧克力饮品的益处进行调整。因说出这些大快人心的话，布兰卡乔得以就任枢机主教。

在结束此问题的讨论之前，我还将谈及反对将巧克力从斋戒餐桌上去除的最惊人的言论。一个叫弗朗西斯科·费里尼（Francesco Felini）的人曾称巧克力既是食物又是春药，因此强烈抵制巧克力。为了反驳这一说法，乔万尼·巴蒂斯塔·古登弗里尼（Giovanni Batista Gudenfridi）于 1680 年在佛罗伦萨出版了一本书，并在书中讲述了神圣的多米尼加人"秘鲁圣母"利马的圣露丝的故事：

> ……据传说，神圣女孩［*Santa Fanciulla*］在数小时的灵魂上升后，感觉自己筋疲力尽，快要喘不上气来。这时，她身边的天使递来一杯巧克力，饮毕，她又充满了活力和力量。我向费里尼先生询问他关于天使的看法，问他认为这是黑暗天使还是光明天使？即是坏天使还是好天使？出于对历史学家的信任，如果他说这是坏天使，无疑就冒犯了历史学家。但如果他说这是好天使，同时又认为巧克力是破坏贞操的毒药，那么天使怎么能将这样的毒药递给基督教的圣母呢？如果凡饮用巧克力的人都会性欲大增，那么他认为好天使会把这样的毒药给圣灵神庙里的女子哪怕喝一口吗？如果他认为巧克力应承担恶魔水的恶名，那么上帝还会命令或允许天使手持这样的液体并递给他的新娘吗？

巧克力在法国

巧克力传入法国的历史与其传入西班牙和意大利的历史一样复杂混乱。我们共找到三种彼此矛盾的观点。[41] 第一种观点也是食物作家普遍认同的观点，即是西班牙菲利普二世与奥地利－施蒂利亚州的玛格丽特之女奥地利的安妮（1061—1666）将巧克力引入法国的。奥地利的安妮生于西班牙的巴利阿多利德，后于1615年被迫与法国国王路易十三成婚，形成政治联盟。当时双方均只有14岁，婚后感情不睦。年轻的路易十三性格阴沉，一生对女人毫无兴趣，受其势力强大的母亲玛丽·德·美第奇及不受欢迎的幕僚长——意大利探险家康西诺·孔奇尼控制。直到1642年去世（安妮随即成为年轻的路易十四的摄政太后），路易十三对安妮的态度都是"病态的冷漠"，据称"虽然路易十三很少接触安妮，即使有接触也多是礼节性的，但他依然期待她能诞下王嗣"。

大仲马（1802—1870）的小说中曾描述过这一时期的宫廷阴谋，其中一个重要人物即位高权重的红衣主教黎塞留（1585—1642）。黎塞留于1624年

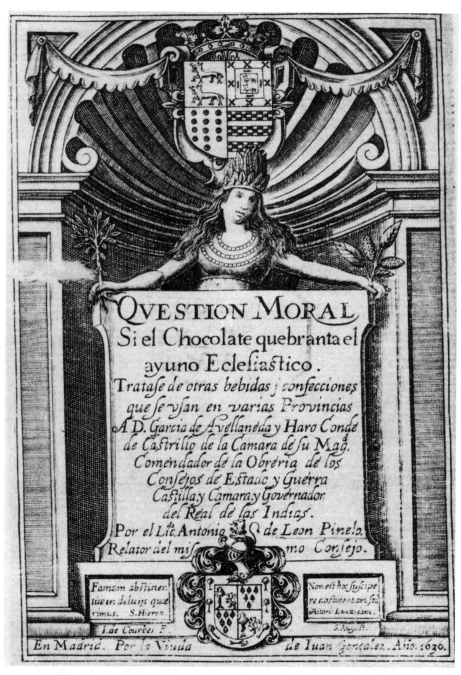

莱昂·皮内洛于 1636 年在马德里发表的论文的标题页，这篇文章讨论了斋戒期是否可以食用巧克力。

担任总理一职，认为安妮王后对其反西班牙的政策是个威胁，因此对她疑心重重。因此，黎塞留努力削弱安妮王后的势力，让她变得无足轻重。可惜这是为吸引读者设置的情节，历史上并无证据证明是不幸的奥地利的安妮将巧克力引入了法国宫廷的。

第二种观点认为，是西班牙的僧侣给法国同行送礼（其中可能有可可块）时将巧克力从西班牙传入了法国。这一观点是有可能成立的，但其中也不乏猜测成分。

最后一种观点有文献证据支撑，当我们了解到巧克力确实是作为药物传入法国之后（当时很多食物都是因其药用属性得以传播的），这种观点可信度就更高了。 以下即这种观点得以成立的文献，波拿文都拉·达尔贡（Bonaventure d'Argonne）在其 1713 年出版的《历史与文学杂谈》（*Mélanges d'Histoire et de Littérature*）一书中称：

> 我们知道红衣主教布兰卡乔曾就巧克力写过一篇文章，但我们不清楚里昂的红衣主教阿方斯·黎塞留（Alphonse de Richelieu）是第一个使用这种药物的法国人。据他的一个仆人称，红衣主教阿方斯·黎塞留从几个西班牙僧侣得此秘方，用来遏制自己脾脏的湿气。[42]

艾尔弗雷德·富兰克林（Alfred Franklin）在 1893 年关于茶、咖啡和巧克力史的论述中有更详细的记载："可能性更大的情况是，据巴黎医生勒内·莫罗（René Moreau）称，在 1642 年前，里昂的红衣主教就曾用巧克力治过病。"[43] 阿方斯·黎塞留就是著名的黎塞留主教的哥哥，也是一个政治高手。但是没有理由相信黎塞留主教是听取了哥哥的建议才每日饮用巧克力的。

同样大权在握的马扎然主教（他出生时名为朱里欧·马萨里诺［Giulio Mazarini］，因此其实是意大利人）于 1643 年继任黎塞留的总理之位，并以摄政太后奥地利的安妮的名义执政，至 1661 年去世时方止。他粉碎了法国贵族的投石运动（为路易十四的专制主义铺路），又镇压了已被教皇以异教徒罪名逐出教会的詹森主义者。按照艾尔弗雷德·富兰克林和阿尔伯特·布尔戈

（Albert Bourgaux）的说法，马扎然主教于 1654 与法国典礼官格拉蒙公爵一道请来了两位意大利厨师，他们都有丰富的调制咖啡、茶和巧克力的经验。但据布尔戈称，法国人并不喜欢意大利的巧克力，认为这种巧克力烤制过度，因而味道苦涩，而且没什么营养。这一诊断也许有其道理，但是一些法国的食谱中出现了托斯卡纳宫廷餐饮的影子，也许是暗示巧克力在巴洛克时就进入法国了。

阿方斯·黎塞留（1634—1880）可能是将巧克力引入法国的第一人，但目的却是为了治疗自己的脾病。

　　我们可以确定的是，热爱巧克力的马扎然主教为维护自己的利益，于 1659 年 5 月 28 日在图卢兹授予大卫·歇里欧（David Chaliou）先生在整个法国制作和销售巧克力的特许权。文件中的具体内容为：

　　　　路易，等，
　　　　我们亲爱的大卫·歇里欧称，他曾多次远赴西班牙、波兰及欧洲其他地区，并在途中搜寻对人类健康有益的秘方，其中有一种化合物就是所谓的巧克力，这种东西是非常有利于健康的。[44]

歇里欧获批以液体、块状或 *boëttes*（盒装）的形式出售这种“化合物”。但直到国王于 1666 年 2 月 9 日签署了许可证，销售巧克力的特许权才正式生效。

　　马扎然主教于 1661 年去世，年轻的国王终于成为法国真正的君主，享有至高无上的权力，开始了他漫长而辉煌的统治（太阳王至 1715 年才去世）。1659 年，格拉蒙公爵前往马德里，代表法国国王向玛丽亚·特蕾莎公主求婚，路易十四于 1660 年迎娶西班牙公主。这也是一桩政治婚姻（路易十四爱的是马扎然的侄女），虽然没有爱情，却维持了法、西两国间的和平。按照惯例，西班牙公主从马德里带了几个西班牙女性作为随从人员，在法国宫廷服侍她。这些侍女和新任法国皇后一样，都爱饮巧克力。据蒙庞西埃公爵夫人［duchesse de Monpensier］的回忆录记述，法国国王不允许皇后饮用巧克力，因此皇后只能背地里饮用。一开始她与一名叫拉莫丽娜（La Molina）的侍女同饮，拉莫丽娜离开后，又与一名叫"拉菲利帕"（La Philippa，应为 La Felipa）的侍女同饮。[45] 无论这份回忆录里的记载是真是假，但当时法国贵族女性确实不得饮用巧克力（至少不得在公共场合饮用巧克力）。

十年后，情况有了很大的变化。1626 年至 1696 年的塞维涅侯爵夫人玛丽·德·拉比坦－尚塞尔（Marie de Rabutin-Chantal）是当时著名的书信作家，她留下 1500 多封写给亲友的信件，其中体现了当时贵族和知识分子生活的方方面面，其中也包括路易十四宏伟的凡尔赛宫的景象。塞维涅侯爵夫人充满母爱，常给嫁给普罗旺斯的皇家公使的女儿写信。从她在 1671 年给女儿的信件中可以看出，首先，当时法国的贵族女性已开始普遍饮用巧克力；其次，她个人关于饮用巧克力的益处的观点在不断变化。她在 2 月 11 日的信件中写道："如果感觉不舒服，而且缺少睡眠，巧克力会让你精力充沛。可是你没有 chocolatière［巧克力壶］。我辗转反侧，你该怎么办呢？哎，我的孩子，你说的没错，比起你对我的关心，我确实对你更操心些。"[46] 可是 4 月 15 日，她又写下了以下内容：

> 亲爱的孩子，我想告诉你，巧克力已不像以前对我那么有作用了。和往常一样，我又被潮流误导了。那些之前对巧克力大加颂扬的人又纷纷跑来警告我巧克力的坏处。据说巧克力会让人犯病，引发人体的湿气、让人心悸。它缓解病症的效果只是暂时的，随后会让人持续高烧，甚至引发死亡……以上帝的名义，别再继续饮用巧克力了，也不要认为饮用巧克力是什么时髦的事。就像曾经赞美你的人一样，曾经赞美巧克力的人也开始诋毁它了……[47]

10月25日，塞维涅侯爵夫人对巧克力的印象更恶劣了："科厄特洛贡侯爵夫人（Marguise de Coetlegon）去年怀孕期间摄入了过量的巧克力，最后生出了一个肤色和恶魔一样暗沉的男婴，后来夭折了。"[48] 可是三天后，塞维涅侯爵夫人又写道："我开始认同巧克力了。前天晚饭后我喝了一点，用来促进消化，感觉不错。昨天我也喝了一些来补充营养，这才坚持到斋戒结束。巧克力的效果能满足我的要求，这正是我喜欢巧克力的原因：它能根据我的意愿产生作用。"[49]

在宫廷中，人们依旧不清楚巧克力药用价值的益处和坏处。直到1684年3月，一位名为约瑟夫·巴克特（Joseph Bachot）的巴黎医生写了一篇关于巧克力药用价值的论文，这才使一切尘埃落定。[50] 他很喜欢巧克力，因而夸张地说："众所周知，巧克力是一种非常高贵的发明，因此应代替原来神的饮食，用来贡奉上帝。"据推测，林奈乌斯对巴克特的论文很熟悉，因此他沿用了可可的学名 Theobroma，称其为"神的食物"。如果我们相信普里米·维斯康蒂（Primi Visconti）记载的凡尔赛宫回忆录，那么巧克力确实具有营养价值。普里米·维斯康蒂详述了因一位意大利女士而害相思病的旺多姆骑士（Chevalier de Vendome）的痛苦经历："他如此深爱着她，竟把自己关在房间里长达数月之久。他将门窗紧闭，只留了一把吉他和一些纸笔，闷在房间里写诗。不吃不喝，也不睡觉，只喝点巧克力勉强支撑。"[51] 那些声称巧克力只是一种饮品、不会破斋戒的热爱巧克力的神职人员肯定不会喜欢这篇文章的！

路易十四将宫廷搬入凡尔赛宫，这里简直大得不可思议：单宫廷正面就有三分之一英里长。凡尔赛宫就像一座艺术圣殿，是法国精英趋之若鹜的对象，约有一万名官员、贵族和侍从在路易十四的召唤下来往于这里。巧克力一度出现在各种公共场合和执行会中。1682年，玛丽亚·特蕾莎去世，路易十四偷偷与清教徒曼特农（Maintenon）夫人成婚，在新婚妻子的影响下，路易十四也禁欲了一段时间。太阳王的宫廷生活自然也变得节俭朴素，众人甚至虚伪地虔诚起来。原本在太阳王一周三次的宴会上均有巧克力供应，到1693年，太阳王出于经济原因限制巧克力的供应自然也就不足为奇了。[52] 但实际上，他对于巧克力本身从来就不甚在意。

我们通常认为，是法国人在 17 世纪末至 18 世纪之间发明了巧克力壶。实际上，这种容器的来源应追溯到墨西哥。在西班牙人征服美洲之前，中美洲地区的土著居民将巧克力液体在不同的容器之间倒来倒去，以此来制备巧克力。还有一个很重要的史实是，16 世纪，西班牙殖民者引入了搅拌棒，用双手搓动即可在用高高的陶制或木制容器盛装的巧克力顶部产生泡沫。殖民者还发现，如果在容器上放一个木盖子，盖子中间留一孔供搅拌棒通过，起泡的效果还会更好。直到今天，我们依然能在墨西哥的农村集市中买到这种用木棒搅拌制成的巧克力饮品，可能在伊比利亚半岛也不鲜见。

到巴洛克时代，西班牙和意大利也出现了类似的铜制巧克力壶。法国版巧克力壶的独到之处在于，他们在金属壶上安装了一个水平方向的直木柄，便于倾倒巧克力。这个木柄是需要顺时针转动螺丝才能拆下，所以在逆时针旋转倾倒巧克力液体时不会松动。[53] 壶盖通过铰链与壶身相连，盖子上有一个装饰物，用铰链或轴承固定在壶盖上，通过盖子中央的洞控制 *mourroir*（起泡棒），即所谓的搅拌棒。塞维涅夫人就是发现女儿的餐桌上少了这只巧克力壶，才焦急万分的。当然，和贵族们常用的巧克力壶一样，丢失的那只巧克力壶很可能也是银制的。

一只 18 世纪的法国银制巧克力壶。盖子可用来架住木制的搅拌棒。

说到法国第一只银制（和金制）巧克力壶首次出现的准确日期，就不得不提在巴洛克时期，欧亚关系中一次离奇的事件。事件的主人公是一个鬼鬼祟祟的希腊探险家，名叫康斯坦丁·费肯（Constantine Phaulcon），是暹罗纳莱王的首席大臣。当时荷兰和路易十四都对暹罗国垂涎三尺。为了能平衡这种关系，费肯说服纳莱王派人出使凡尔赛。[54]

诡计多端的费肯带领暹罗使团来到路易十四的宫廷，同时也充当使团的翻译。他们带来了许多炫目的礼品，其中就包括大量用于饮用巧克力的金制和银制容器。比如他们送给法国王子两只银制的*巧克力壶*，其中一只上有烫金花样，另一只则上了漆；实际上，暹罗王后送给法国王子至少五只巧克力壶，其中还有一只是纯金的。当然，这并非由于泰国人突然爱上了巧克力，而是费肯特意嘱咐御用工匠打造了这些器具，投法国人所好。

用于盛放巧克力的瓷杯和杯托套装；这套 18 世纪出现在威尼斯的套装是对西班牙
17 世纪茶具的模仿。

艾尔弗雷德·富兰克林就认为这一事件标志着银制巧克力壶的开端。然而这一假设是站不住脚的，因为我们知道，早在 1685 年，就有一个名叫乔治·伽索恩（George Garthorne）的英国银匠打造了一只银制巧克力壶。[55] 如果确实如我们所想，银制巧克力壶是法国人的发明，则其出现的日期应早于暹罗国使团献上礼物的日期。姑且不论银制巧克力壶到底起源何处，它确实在很长时间内在许多欧洲国家和英国属美洲殖民地中风光无两。直到 19 世纪初，梵·豪登发明了脱脂巧克力的制作方法，银制巧克力壶才日渐式微。再后来，曾经在搅拌和拍打浓稠的巧克力液体中必不可少的巧克力壶再无用武之地。

最后，我们引用圣迪塞尔（M. St. Disdier）在 1692 发表的几份巧克力食谱，来结束对巴洛克时期法国的讨论。[56] 这些文档体现了圣迪塞尔对整个巧克力贸易以及新世界香料的精准了解。比如他知道香草的正确拼法是 *tlilxochitl*（许多与他同时代的人都不清楚），还知道一定要用细长的香草，最好是一包50 根装的。选用的香草必须油脂丰富（要特别注意有不良商人会在香草表面涂油）、新鲜柔软，还要有芬芳的气味。我们还应注意，有些商人会省下香草的用量，用大量的糖来替代，糖的含量甚至可能超过可可本身。圣迪塞尔给出了三份食谱，并进行了评级，所有的度量都采用药衡制。

圣迪塞尔的巧克力

食谱一（佳品）

2 磅（900 克）预制好的可可

1.5 磅（680 克）粗糖

6 德拉克马（0.75 盎司：20 克）香草粉

4 德拉克马（0.5 盎司：14 克）肉桂粉

食谱二（极品）

2 磅（900 克）预制好的可可

1.25 磅（570 克）糖

1 盎司（28 克）香草粉

4 德拉克马（0.5 盎司：15 克）肉桂粉

食谱三（高品味，适用于不怕高温的人）

2 磅（900 克）预制好的可可

1 磅（450 克）精糖

3 德拉克马（1/3 盎司：9 克）肉桂

1 液量吩（1/24 盎司：7 克）丁香粉

1 液量吩（1/24 盎司：7 克）印度辣椒

1.25 盎司（35 克）香草

据圣迪塞尔称，食谱三是"西班牙式"的制法。要想让巧克力拥有更浓郁的香味，只要在食谱三的基础上再加入8粒龙涎香和4粒麝香即可；如果只想要龙涎香味，则可只加入12粒龙涎香而不放麝香。圣迪塞尔虽并未明确表示，有香味的巧克力一定体现了托斯卡纳公爵骄奢淫逸的巴洛克式作风。这三份食谱的原材料虽各不相同，但制作方法却是一样的：

制作方法

在一块热石板上将可可豆和糖混合碾碎 [pierre d'Espagne，如在石碾盘上碾碎]，然后加入香料。接下来用**巧克力壶**来制作巧克力饮：先在5至7盎司 [140至205毫升] 的水中加入0.25盎司 [35克] 糖并加热（温度越高越好），加入混合碾碎后的可可进行拍打。煮开后用小火炖一会儿，起泡效果会更好。

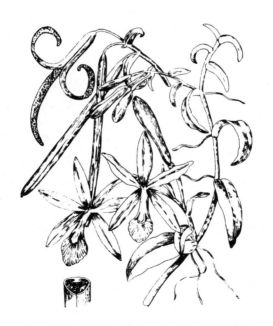

用这种兰花荚发酵并干燥后，即可制成香草的味道。

在圣迪塞尔发表这几份食谱之前五年，就有另一个法国人尼古拉斯·布勒尼（Nicolas de Blegny）发表了一份完整而权威的巧克力文献，其中的食谱和圣迪塞尔食谱三的香味版如出一辙。他戏称这就是"我们最常用的"食谱，只是大多数人遗漏了辣椒。[57] 无论如何，我们都基本可以确定这是巴洛克式托斯卡纳风格的升级版，深受凡尔赛宫廷那些戴着厚重假发的贵族们的喜爱。

巧克力和英国人：从海盗到佩皮斯

英国人最初接触可可似乎要归功于海盗和冒险家，他们拿着伊丽莎白一世颁发的缉拿敌船许可证，在西班牙的船只上肆意掠夺，还在 16 世纪下半叶占领了多个西班牙港口。可惜这些海盗和冒险家对这种奇怪的苦味种子毫无兴趣，甚至不愿意去弄清楚这到底是什么。据称，一群英国海盗在 1579 年烧光了一船可可豆，还轻蔑地以为自己烧的是羊粪。[58] 何塞·德·阿科斯塔在其 1590 年出版的《自然与道德史》中记载道"……这一年，一个英国海盗来到（墨西哥）新西班牙，在瓦图尔科港口烧掉 10 万担可可。"[59] 要知道，一担可可是 2.4 万颗，这可真不是一个小数目。

约翰·杰勒德（John Gerard）的名作《草本植物与植物史》（*Herbal or General History of Plants*）的 1633 年版中也出现了可可的身影，不过很显然，约翰·杰勒德掌握的并非一手资料。根据这位先锋派植物学家的理论，他所谓的"可可"（Cacoa）是一种"在美洲多地广为人知的"水果；约翰·杰勒德也了解到某些地区将可可作为货币使用，"可可亦可做成饮品，虽然味苦，却倍受推崇"。杰勒德还称，"可可味涩，并不讨喜"，这一观点可能是他从本佐尼的叙述中得来的。[60]

巧克力直到 17 世纪 50 年代才真正传入英国，真实抵达的是权杖之岛。此地局势动荡，当时政治和社会变化风起云涌。而海峡另一边要到 18 世纪末才开始经历这样的动荡。1642 年，英国内战打响，国会党于 1646 年囚禁了斯图亚特王朝坚持"王权神授"的查理一世，后于 1649 年 1 月 30 日处决了他。英国由此进入清教徒式的共和国时期，与法国、意大利、西班牙等巴洛克式的国家渐行渐远。奥利弗·克伦威尔（Oliver Cromwell）自 1653 年开始执政，成为英国的独裁者，自任"护国王"，至 1658 年去世。英国国教徒在各个方面均反对加尔文主义者，清教徒则在英国内外均与天主教徒对抗，而乡绅则与激进的革命者对抗。

克伦威尔去世后（后来他又被挖出来处以绞刑），被放逐到法国和荷兰的查理二世于 1660 年复辟，开始光复运动，但国王与议会依然摩擦不断。后其弟詹姆斯二世于 1685 年继承王位，希望恢复英格兰的天主教会传统，但这对于信奉新教的英格兰而言变革过于激烈了，后在光荣革命中被剥夺王位。议会于 1689 年从荷兰邀请来詹姆斯二世的女婿奥治兰的威廉继任国王，与其妻玛丽共治。与清教革命不同，光荣革命是一次不流血的革命。

图为布勒尼 1687 年的论文中描绘的在加热后的弧面磨古上研磨可可豆的场景。这本是被殖民前的中美洲人采用的技术，传入欧洲后也沿用了几百年。

尽管 17 世纪充满暴行、宗教偏执（无论哪一派）以及个人和集团的悲剧，从某些方面而言这依然是英国历史上非常辉煌的时期，在艺术、建筑、文学、音乐、哲学以及科学等多个领域均出现了伟大人物。宗教法庭曾迫害了同时期的意大利科学家，如伽利略，而英国的科学家则相对自由，如艾萨克·牛顿就可以自由地探寻宏观世界（宇宙）和微观世界（人体）的奥秘。牛顿发现了万有引力定律和太阳系的许多理论，威廉·哈维则发现了血液循环的规律，从而推翻了盖伦的医学理论。

就是在这样的大环境下，英国人开始饮用三种含有生物碱的饮料：茶、咖啡和巧克力。虽然这三种饮料的来源各不相同（茶源自亚洲，咖啡源自非洲，而巧克力源自美洲），进入英国的途径也各不相同，却几乎同时抵达英国（咖啡仅稍早几年）。

这幅画取自杜福尔 1685 年关于咖啡、茶和巧克力的论文，栩栩如生地描绘了一个土耳其人、一个中国人和一个阿兹特克人饮用各自饮品的场景。巧克力壶和搅拌棒都是殖民后的产物。

行文至此，我们几乎尚未提及咖啡和茶，此时它们也开始风靡欧洲，并终将取代巧克力成为欧洲最受欢迎的热饮。先说咖啡，咖啡的起源，即阿拉比卡咖啡（*Coflea arabica*），是非洲东北部原生的一种灌木，可能正因为能产出富含咖啡因的果实，人们才开始在埃塞俄比亚高地进行人工种植。到 14 世纪和 15 世纪，人们开始在红海沿岸广泛种植咖啡。阿拉伯商人嗜饮咖啡，欧洲就成了咖啡运往中东市场的贸易之门。如此一来，17 世纪早期，咖啡传入"最宁静的共和国"君士坦丁堡和开罗也就不足为奇了。1638 年，咖啡作为从埃及进口来的药物，在威尼斯以高价出售。就这样，咖啡和巧克力一样，作为药物抵达欧洲，且其药物属性分类也同样是"热干"型（因此被认为与胆囊和易怒体质有关）。

英国第一个饮用咖啡的人应该是牛津贝利奥尔学院的克里特学生。他在内战结束后，于 1647 年起开始在自己的房间里冲泡咖啡。至于他将咖啡作为药用饮品还是休闲饮品，抑或是二者兼而有之，我们无从得知。同样，英国的第一家咖啡馆也开在牛津，1650 年由一位犹太女性最初开始经营。[61] 在爱德华一世开始驱逐犹太人以来，近四百年间犹太人一直不得进入英国，直至克伦威尔开禁。当时大多数犹太人来自荷兰，在那里咖啡和茶早已为人们所熟知。两年后，一个英国商人的希腊侍从在伦敦开了一家咖啡厅，他的咖啡豆是从奥斯曼土耳其的士麦那进口的。经过光复运动的前几年，至 1663 年，伦敦已出现了至少 82 家咖啡馆，其中大多数坐落在交易所附近（饮用咖啡和贸易的联系由来已久）。然而我们还发现，咖啡馆供应的不仅只有咖啡而已。

茶树的学名是 *Camellia sinensis*，中国几千年前就开始种植茶树，并用茶叶烹茶。到了公元 800 年前后，日本也开始饮茶。到 16 世纪，葡萄牙和梵蒂冈的文献中均有关于茶的记载，可欧洲人依然不知所云。1585 年，几个耶稣会士将四位年轻的日本武士带到罗马，觐见教皇西克斯图斯五世，意大利人这才见到了茶的冲调过程和饮用方式，却依然认为茶只是热水而已。他们的惊讶程度不亚于第一次看到这些日本武士用木筷或象牙筷吃饭。[62]

最后还是由荷兰东印度公司首将茶叶作为商品引入欧洲，第一批茶叶于 1610 年抵欧。与咖啡和巧克力一样，茶叶也必须纳入当时的医疗体系。如 1687 年，一位名叫约翰·雅各布·曼图斯（John Jacob Mangetus）的人称茶叶"属热干性，但相对温和"，因此可治疗感冒、头痛、哮喘、心悸、痛风及肾结石，甚至可以解酒。他还不知所云地断称比利时女人一直在滥用茶叶。[63]

1658 年 9 月 6 日，英国出现了第一条关于茶叶的广告，这一年也是护国公去世的年份。但当时的茶叶价格高昂，因此在整个 17 世纪，销量和消耗量均很小。很多年之后，英国才逐渐成为嗜好饮茶的国度。1660 年 9 月 25 日，伟大的日记作家塞缪尔·皮普斯（Samuel Pepys，1633—1703）在日记（他的日记自 1660 年 1 月 1 日始）中写道："后来上了一杯茶（这是一种我以前从未尝过的中国饮品），就离开了。"[64] 我们基本可以肯定，这位充满好奇心的伟大作家是英国初尝这种异域饮品的几个人之一。

在茶与咖啡之后，巧克力很快（几乎同时）传入了英国。克伦威尔的部队于 1655 年从西班牙人手中夺取牙买加岛。当时，可可的种植在牙买加岛已非常普遍，牙买加也成为当年英国可可的主要供应源。1657 年，有商人开始在英国的报纸上刊登可可的广告。尼德曼的《政治快报》（*Needham's Mercurius Politicas*）在 1659 年 6 月 12—13 日就曾刊登过以下内容：

> 巧克力是来自西印度群岛的一种美味饮品，一个法国人曾在恩典堂街和克莱芒教堂院落出售，现在他将店面搬迁至主教门街的皇后巷小径，

他是英国出售巧克力的第一人。在他的店面里，你不仅能品尝到成品巧克力，也能看到可可生豆、学习可可豆的用途。高品质的可可在各地均倍受推崇，它可以治疗疾病、保养身体。描述可可用途的书籍在这里亦有出售。[65]

同一年，路易十四授予大卫·歇里欧全国皇家独家巧克力销售权，这也显示了英法两国的不同：英国有许多店主和私营企业家，而法国则是中央集权制，采用高度规范的国家垄断。在法国，只有贵族可以享用巧克力，而在英国，只要有钱，人人可饮用巧克力，所有获得授权的咖啡店也均可销售巧克力。可以说在英国，巧克力已经民主化了。

塞缪尔·皮普斯是一个非常有同情心的人。他能力卓群，也非常诚实，对自己及他人的弱点都直言不讳。他出身中产阶级家庭，凭借自己的努力与天分不断向上，最终出任英国首任舰队司令。在任期间不断扩张英国海军实力，至卸任时规模已扩大一倍。他是查理二世的朋友兼亲信，了解英国一切有头有脸的人物，其中也包括科学家（在牛顿出版《自然哲学的数学原理》时，塞缪尔·皮普斯任皇家学会主席）。他的日记虽只有寥寥数笔，却是那个时代及其个人生活的真实写照。

饮用巧克力是塞缪尔·皮普斯的爱好之一，他在 1660 年（这一年，他跟随舰队欢迎被流放的查理二世回国）开始写日记前可能已经尝过巧克力的味道。在他 1660 年的日记中，我们找到了以下内容："我回家时发现有人留下不少巧克力给我，但我不知道那个人是谁。"[66] 1663 年 1 月 6 日，他又写道："克里德先生带了一罐巧克力，给我们作上午的饮品。"[67]1664 年 2 月 26 日，他写道："换好一身帅气的骑装后，我取水路去威斯敏斯特克里德先生的宅邸。我们先喝了点巧克力，又玩了会儿 vyall ……"[68] 其中 1664 年 5 月 3 日的日记显得尤为诚恳："准备好之后，我去见了布兰兹先生，与他一道饮用了优质的巧克力，又意犹未尽地派人去家里取了些来。"[69] 同年 11 月 24 日的日记则显示了皮普斯拼写时的天马行空："中午时分，我和佩特委员一起去一家咖啡馆喝了点巧克力，味道真不错！"[70]

咖啡馆已成为英国一种伟大的场所，其在社交及政治上的重要性一直延续到 18 世纪。到了 18 世纪，咖啡馆逐渐演变成英国的俱乐部。意大利人洛伦佐·玛伽罗蒂（Lorenzo Magalotti）在 1668 年至 1688 年居住在伦敦，他曾对英国的咖啡馆有细致的描写，称咖啡馆是：

> ……一处公开贩卖咖啡的地方。当然，根据季节的不同，咖啡馆也会出售巧克力、茶、冰冻果子露（当时的冰冻果子露是一种甜味果饮）、鸡汁酒（把鸡肉浸在麦芽酒里！）、苹果汁等饮品。这样的咖啡馆里一般设有包间，里面流传着真真假假的最新消息。到了冬天，人们可以围在火炉边抽上两小时的烟，花费也不过两个意大利铜币，再另付饮品的费用即可。[71]

据历史学家理查德·邓恩（Richard Dunn）称[72]，英国的两个主要政党就是

1700 年前后，一家典型的伦敦咖啡馆内景。查理二世认为咖啡馆是暴乱的滋生地，一度想取缔这种场所，可惜未能成功。

在这一时期形成的：托利党是坚持"君权神授"的保皇派，而辉格党则是反对斯图亚特王朝的。查理二世崇尚路易十四的专制主义（甚至秘密接受太阳王的援助），于 1675 年 12 月 29 日宣布《咖啡馆禁令》，称咖啡馆中流传着煽动性的诽谤话语（可能因为辉格党人更喜欢光顾咖啡馆）。可惜白厅并非凡尔赛宫，他的禁令根本无法实施。查理二世在禁令中禁止"经营公共咖啡馆，或在咖啡馆零售（或消费）任何咖啡、巧克力、冰冻果子露或茶"。[73] 这一禁令遭到了强烈抗议，查理二世受迫又让咖啡馆经营了六个月。这就是相对民主的英国，和专制主义的法国不同，查理二世的政令毫无效果，很快就被人们遗忘了。

而囊中羞涩的咖啡馆主顾们也不得不考虑一下经济问题：巧克力比咖啡贵，而茶的价格最高。因此，喝咖啡是最经济的选择，这可能就是为什么这些场所叫作"咖啡馆"而不是"巧克力馆"吧。

到 17 世纪晚期，英国的巧克力爱好者已经能读到非常详尽的、关于巧克力的英文文章。其中最佳的一本是威廉·休斯（William Hughes）所著的《美洲医师》（*The American Physician*），于 1672 年在伦敦出版；[74] 此书基于作者在新大陆热带地区的亲身经历及西班牙语文献，为英国读者详细描绘了可可的生产和备制过程。另一本菲利普·S. 杜福尔（Philippe S. Dufour）的著作也很精彩，他很可能是一位雨格诺难民，他们也丰富了英国人的生活和商业活动。杜福尔先讲述了可可的起源及在西班牙宫廷的盛行，接下来记述了可可"最近在英国也大受欢迎，绅士阶级把可可当作休闲饮品和药品"（却忽略了咖啡馆消耗了大多数可可）。在与印第安人和西班牙人的备制和饮用方式进行比较时，杜福尔流露出对英国人制作巧克力方式的不满：

> 在英国，人们喜欢将巧克力与水同煮，有些人为了提升口感，还会加入鸡蛋和牛奶，不过这样的配方可不健康。还有人将**巧克力**与水煮至表面有油状物浮出，不过煮过了可不是什么好事。我个人并不建议使用这种制作方法，油脂全部聚集到上层，而土味的部分沉入低部，喝的时候先入口的是可可油，因过于油腻会倒胃口，而下部的土味部分又太过乏味，让人不快。[75]

这种口味和巴洛克时期的托斯卡纳巧克力相去甚远！但是"商贩之国"又无法承受雷迪为科西莫三世献上的巧克力的奢华和从容的备制方法。英国正快速成为世界上最强大的商业力量，因此所有英国人都行色匆匆。以下我们将介绍杜福尔快速制作巧克力的方法，他称这种方法一定适合"商务人士"。

杜福尔的巧克力制作法

取一块巧克力，在白中捣碎或磨成细粉。加入糖抖匀，再一并倒入沸水锅中。离火"搅拌。如没有搅拌棒，则另取一只锅，来回倒20余次［这是传统的玛雅制法！］，当然效果不及直接搅拌"。不用去泡沫，直接饮用即可。[76]

而马丁·利斯特（Martin Lister）却在其1698年的《是年巴黎之旅》（*Journey to Paris in the Year*）一书中表达了对咖啡、茶和巧克力的负面意见，其中对巧克力的苛责尤甚。他认为巴黎人，尤其是巴黎女性的肥胖就要归咎于"烈性饮料"和烈酒。他们饮用咖啡、茶和巧克力时加入了过量的糖，以下就是他反对这种饮料的理由：

饮用者的诙谐和幻想让他们不断美化这些饮品，而我却认为这些饮品是上帝的深谋远虑：他用这些饮品缩短人们的寿命，从而减少人类的数量，仿佛是一场悄无声息的瘟疫。巧克力的拥趸称如果在饭前两小时饮用巧克力，可以保护胃部，谁能质疑这一点呢？比起不喝巧克力，饮用巧克力后饥饿感更强。人的胃部变得虚弱而空洞、极度渴望食物，必须立马进食。我想，无法在胃部长时间逗留的食物就是胃部不欢迎的食物，所以自然界的规律会拒绝这样的食物。很多食物都是这样的，它们会让我们产生虚假的饥饿感。

一些未经开化的印第安人以及我们中的一部分人确实可以消化巧克力，但一个饱食后的人却很难消化巧克力。[77]

亨利·斯图布（Henry Stubbes）博士（或 Stubbe 博士或 Stubbs 博士，1632—1672）是在巧克力领域最受人尊敬、最常被引用的权威，他也是哲学家托马斯·霍布斯（Thomas Hobbes）的朋友。据称，斯图布博士是"巧克力艺术"的大师；他认为可可豆本身是无害的，但人们在备制巧克力的过程中加入了很多有害健康的原料。[78]

在斯图布博士为查理二世备制巧克力时，他保持其他原料用量不变，而将可可豆的用量加倍。但斯图布博士也建议寒性体质的人可以加入五香粉、肉桂、肉豆蔻和丁香（西班牙权威人士认定这些香料都是热性的）。他也了解托斯卡纳的香料：麝香、龙涎香、香木和柠檬皮。斯图布建议在加有鸡蛋和牛奶的巧克力中加入雪利酒，比例为一盘巧克力配一勺雪利酒（当时的英国人用盘子而非杯子盛装咖啡和巧克力）。加入了这些配料，斯图布称 1 盎司巧克力的营养比得上 1 盎司牛肉也就不足为奇了。

和当时许多英国人及欧洲大陆人一样，斯图布博士也相信巧克力有催情作用。他不吝对巧克力的这种催情性能大加赞美，我们从他的文献中引用了以下文字：

关于巧克力在催情剂中的运用，如给睾丸提供丰富的液体，我的同国人已做出天才的论述，对此我不敢再加赘言。虽然我也持有自己的观点，但我不敢带着任何傲慢或冒犯来谈论这个问题。严肃的罗马诡辩家格尔森（Gerson）曾写过《夜晚的污染》（de Pollutione Nocturna），也曾在天主教女修道院为通奸行为辩护。无论是歇斯底里的晕厥、忧郁症、爱的激情、消耗性的束缚还是性的狂热，都是必不可少的，是有治愈作用的自然直觉。我们不得不赞赏摩西的审慎，他早就禁止以色列的女儿中出现任何娼妓，而最明智的立法者则选取合适的结婚时间。诡辩家还称新教牧师有结婚的权利。亚当在天堂受命进行繁殖，所以我想我们应该宽恕这小小的逃离，这篇关于巧克力的文章也无可厚非：当然，如果雷切尔知道我会写些什么，就不会给雅各布买风茄了。如果多情而尚武的土耳其人曾尝过巧克力的味道，恐怕都不愿再去抽鸦片了。如果希腊人和阿拉伯人曾尝过巧克力，恐怕连延龄草和天南星都不要了。我敢肯定，伦敦的绅士们，一定会认为巧克力的价值远超过 Cock、Lambstone、酱汁、番茄酱和 Caveares、Cantharides（西班牙苍蝇）和蛋白，更不要说粗鲁的印度人了。因此，你们一定会爱上这本小册子的，这里的推荐和评价都是非常诚实的。[79]

我们可以想象，自此文发表后，伦敦的巧克力销量暴增。此文中还全面列举了其他当时人们认为可以提升性欲的食物和物质，似乎有一点神奇的药草与身体部位对应说的味道。

欧洲之外

就这样，巧克力从中美洲穿越重洋来到西班牙，又从西班牙进入包括英国在内的欧洲其他国家。可能在皮普斯于伦敦初尝巧克力后不久，巧克力就又跃过大西洋传回了英国在北美洲的殖民地（也可能是英国从西班牙手中夺走牙买加后，巧克力从牙买加岛直接传入了北美）。但可能性最大的还是高级殖民官员在受命赴弗吉尼亚和马萨诸塞就任时带上了巧克力。无论是哪种情况，到17世纪末期，休厄尔法官已经能目睹马萨诸塞人和墨西哥人在英王官员办公桌前会面的场景。

在热爱咖啡的近东地区，巧克力从未风靡过：斯图布博士笔下"多情而尚武"的土耳其人十分蔑视巧克力。乔万尼·弗朗西斯科·杰梅利·卡雷利（Giovanni Francesco Gemelli Carreri）也是一位曾环航世界的意大利商人兼冒险家。他于1693年离开意大利，1699年返回。当他靠近土耳其岸边的士麦纳市时，经历了一场关于巧克力的近乎灾难性的事件：

172

周四，Aga of Seyde 来见我。我给他来了点巧克力，但这个野蛮人从来没喝过这好东西，要么是他喝醉了，要么是因为烟雾缭绕，总之他很生气，说我给他喝的东西让他很困扰，无法作出正确的判断。也就是说，如果他的怒气再持续下去，肯定要跟我干一架了。我居然给野蛮人喝巧克力，就算真被打了也算罪有应得。[80]

我们的朋友查尔斯·佩里（Charles Perry）是关于近东和中亚饮食的权威人士，我们曾询问他为什么这个地区的人从未接受过巧克力，他回信称：

> 我也常有此疑惑。这个地区的人们喜欢坚果馅的馅饼，苦甜参半的巧克力应该正对他们胃口才对。可能他们对咖啡的崇拜以及以咖啡馆为中心的生活让他们起初无法接受饮用巧克力，再加上当地炎热的气候也不适宜饮用温热的[81]巧克力。抑或他们的文化保守主义才是主要原因，就比如尽管当地人很喜欢在馅饼中加入坚果，却很少选用花生。

我们认为，查尔斯·佩里的最后一种解释可能说到了重点，即文化保守主义。这一问题依然还犹抱琵琶半遮面。

巧克力也从未"征服"印度、东南亚或远东（仅信奉天主教的菲律宾除外）。葡萄牙商人和耶稣会士曾在去东方建立企业时带去了巧克力，但是当地人对此并不感兴趣。1993 年，吉百利·史威士（Cadbury Schweppes）曾试图让中国人接受这种饮品，为此曾在北京附近建立了一座合资工厂。但是对该工厂进行报道的杂志同时浇了一盆冷水，称中国人的巧克力消耗量只有爱好巧克力的英国人的千分之一！[82]

如上文所述，巧克力只在亚洲的菲律宾取得了成功。菲律宾于 1543 年被西班牙占领，直至 1898 年才被美国接手。杰梅利·卡雷利称："他们将可可树从新西班牙带入菲律宾，虽然略有退化，却在菲律宾得以大量种植，以至于有一段时间仅菲律宾的可可产量就足以满足需求。"[83]当时，一杯巧克力是"高档餐饮"的标志。菲律宾成为巧克力的原产地，因此耶稣会士和葡萄牙商人发现要想在暹罗一类似地方生活下去，有足够的巧克力供应是必不可少的。此外，稠厚的巧克力热饮也是西班牙文化传统的一部分，许多天主教菲律宾人在圣诞节的传统早餐中都不会忘记来一杯巧克力。即使经过一个世纪的美国统治，这一传统依然没有改变。

但是，巴洛克时期的欧洲才是巧克力最盛行的舞台。

第六章　起源

1493 年，文艺复兴史上最腐败的教皇——亚历山大六世博尔吉亚（他虔诚地剃了发，拥有俊美的双唇和糜烂的私生活）大笔一挥，将新世界一分为二。1494 年，《托尔德西里亚斯条约》签订，教皇下了一道诏书，划出一条南北分割线，将分割线以西的领土划归西班牙，以东的领土划归葡萄牙。当然，没有人曾问过这些土地上原住民的意愿。葡萄牙得到的土地成了巴西，而当时的西班牙获得了其余所有的领地。

起初，《托尔德西里亚斯条约》的分割还仅停留在纸面上，但随着科尔特斯、皮萨洛等人的不断攻城略地，西班牙坐实了这一分割。不久后，西班牙王室就向这片广袤的土地派驻了行政机构、军事机构、宗教机构和贸易机构。总部设在塞维利亚的印度群岛皇家最高议会（the royal Council of the Indies）作为派驻的最高权力机构，权力层层渗透，并通过各区域总督得以实施。西班牙在美洲的企业实为大型垄断企业，其规模之大前无古人后无来者，不仅制定了贸易准则，还规定了流通货币。

从此以后，印第安土著就被迫成为劳动力，在监护征赋制系统中接受西班牙人的管理，这个系统由西班牙的地产大亨进行管理，多为曾经的征服者。殖民地一方面要向宗主国进贡金、银和农产品，另一方面所有制成品均需从西班牙进口。欧洲和美洲之间的所有贸易均需通过地中海的卡迪斯港，该港口由西班牙严密控制。最终，西班牙终于将外国人完全排除出这张包罗万象的贸易网络之外，他们甚至抑制印第安人内部的贸易。在这样的背景下，可可在不断地生长、供人消费和贸易。

新西班牙和中美洲：殖民事业的开端

1521 年前，人工种植的可可及其副产品——巧克力均仅局限于中美洲地区，而对世界其他地区是闻所未闻的新鲜事物。我们还知道，贪婪的入侵者从进入美洲大陆的那一刻起，就被可可豆作为"快乐货币"的新颖之处和巨大价值震撼，阿尔瓦拉多肆无忌惮地掠夺蒙特祖玛的可可仓库就是例证。由于（墨西哥）新西班牙的首任西班牙总督安托尼奥·德·门多萨曾下令复制了一张阿兹特克贡品列表，西班牙人很清楚可可对于他们摧毁的帝国的经济有多么重要。因此，他们开始要求这些地区（尤其是索科努斯科）进贡可可。这些地区曾向阿兹特克的国王供应可可，现在的进贡对象转为西班牙皇家财库。实际上，在门多萨登陆墨西哥之前，埃尔南·科尔特斯就曾要求墨西哥向其个人进贡可可。

当时的西班牙人和欧洲其他地区的人一样，是用称重的方式进行货物买卖的。然而中美洲人并没有称，不得不计数进行贸易。一些西班牙贵族曾认为应用称重进行贸易，但是他们很快发现，精明的土著人每卖给他们一担可可豆都会少几百粒。因此，新建立的墨西哥城 *cabildo*（市政府）规定可可必须按数量而非重量进行交易。毕竟可可是当地的货币，没有人会按重量而非数量买卖金币吧。我们得知，在哥伦布时期，整个中美洲地区的白人、印第安人和混血儿都用可可豆作为货币进行小型交易。美国旅行者和先锋派考古学家伊法莲·G. 斯奎尔（Ephraim G. Squier）在其 1858 年出版的《中美洲国家》（*The States of Central America*）中这样描述可可："实际上，在中美洲所有的主要城市中，人们依然以可可豆作为市场上的交易媒介。因为当时没有价值小于三分钱的硬币，所以可可豆在小额交易中很管用。在以前，两百粒可可豆相当于一美元，我想现在也差不多是这样。"[1]

在初被占领的墨西哥和危地马拉（当时的危地马拉包括恰帕斯），基本只有原住民饮用巧克力，因为很多西班牙人当时还无法接受巧克力的味道。但到了 16 世纪中期，随着西班牙人及混血儿的口味变化（我们在第四章曾讨论过），可可的消耗量大大增加，其中在墨西哥的增量尤为明显。在接下来的两个世纪中，巧克力（无论是在尚未被征服的中美洲还是在欧洲，起初饮用巧克力都是精英阶层的特权）在各个阶层开始风靡起来，就连牧师都开始饮用巧克力。一位总督在 1779 年的一封信中写道：

> 在这个国家（新西班牙），可可不像在其他国家那样是富人的专属，穷人也同样可以饮用，尤其是城乡的仆人都常能喝到。只要可可因垄断经营或收成不好而价格过高，当地的居民，尤其是贫穷的修士修女的恸哭简直让人心碎。[2]

正如上一章所述，巧克力饮用在 17 世纪，即巴洛克时期风靡欧洲，虽然仅限于中上层阶级，但却是全欧洲的宠儿。因此，欧洲市场的开拓使得可可的需求量翻倍。与此同时，中美洲印第安人口直转急下，而正是这些印第安人负责生产巧克力。这是全球史上最严重的人口灾难的一个侧面，当时来自所有西半球的人都染上了从旧大陆带来的传染病，而中美洲原住民对此毫无抵抗力。西班牙人还在新建的矿场、工厂和牧场虐待当地劳工，也导致了大量原住民的死亡。到 17 世纪末期，就在肥胖而堕落的美第奇科西莫三世惬意地享用香气四溢的巧克力时，美洲的印第安人口已降至不到原先的十分之一。这场人类的大灾难对可可树的地理分布也产生了深远影响，其中包括可可在美洲内部运输及跨大西洋运输至欧洲的方式。中美洲在可可历史上的地位从此一蹶不振。

索科努斯科在很长一段时间都是可可的重要产地，是广袤的太平洋低地平原的一部分，这块平原从特万特佩克地峡一直延伸到危地马拉和萨尔瓦多的交界处。我们年轻时曾在这块平原上进行过考古研究，由于我们无法适应高温高湿的天气（白天和夜间气温都很高），一开始的日子很难熬。好在这块热得像火炉似的平原位于火山脚下，虽然降雨量很大，但在一定程度上缓解了高温，此时环境还算宜人。这就是墨西哥和中美洲的咖啡之乡，但在 19 世纪下半叶以前，这里主要种植可可。由于这块山脚下的平原可可产量非常高，处于高地的玛雅王国也曾经致力控制这一地带，最后阿兹特克人接管了索科努斯科，这次征服行动真可谓一本万利。西班牙人征服美洲后，很快就在可可的引诱下来到了这片地区。起初，贪婪的征服者企图奴役索科努斯科的印第安人：一个奴隶价值2个金比索、一担可可价值10个金比索和一头猪值20个金比索。[3] 然而教皇保罗三世法尔内塞于 1537 年 5 月 29 日颁布了 *Sublima Deus* 诏书，称将一切奴役印第安人的基督教徒逐出教会（但基督教徒依然可以奴役黑人）。虽然这纸诏书叫停了奴役印第安人的行动，但监护征赋机构却保证，如果其负责人能让印第安人皈依基督教，就可以允许他们使用强制劳动力。

16 世纪末，索科努斯科和危地马拉用骡子驮着大量可可运送到瓦哈卡、普埃布拉和墨西哥城供贵族消费。当时能从此贸易中获利的不仅有西班牙统治者，还有牧师。虽然从 1543 年至 1563 年间召开的特利腾大公会议禁止牧师参与可可贸易，但是收效甚微。他们看到种植可可树的印第安人在成批的死去时，一定非常沮丧。贝尔纳尔·迪亚斯·德尔·卡斯蒂就曾惋惜地写道：

让我们回到位于危地马拉和瓦哈卡之间的索科努斯科。1525 年，我曾在这里逗留了 8 或 10 天，当时这里有 1.5 万居民，每户都有自己的房子和可可树林。整个索科努斯科省就像一个巨大的可可林，非常宜人。可现在，到了 1578 年，整个省都荒了，只有不到 1200 户人家。[4]

迪亚斯认为如此悲惨的状况应归咎于瘟疫，而且当地的市长和牧师让当地居民毫不停息地劳作。

总督和各地官员的任务就是为皇室财库收集可可贡品：在西班牙人征服美洲后三个世纪，即 1820 年，精选的索科努斯科可可被呈入西班牙宫廷，献给国王。当可可产量下降时，贵族阶级试图用两种方法弥补下降的劳动力人口：（1）将玛雅高地的人送去可可林劳作；（2）雇用更严苛的工头，以提高产量。但两个方法均宣告失败。

然而，正如美国人种历史学家珍妮·加斯科（Janine Gasco）所述[5]，对于存活下来的索科努斯科印第安人而言，生活并没有那么糟糕。因为由印第安人直接控制的可可园，树均产量还有上升，拥有这些可可园的印第安人的财富当然也就随之增加。一份1549年的报告称，由于当地已经没有监护征赋机构的负责人了，印第安人用起了黑人奴隶、银餐盘，也骑起了马（在其他新西班牙的印第安人处闻所未闻，因为一般是禁止印第安人拥有马匹的）。[6]

此时巧克力已成为一种生活必需品，因此墨西哥和危地马拉的居民就不得不从别处获取可可。已经没有什么障碍能阻止墨西哥人和危地马拉人每天喝一杯巧克力了（墨西哥人和危地马拉人喝巧克力时一般不加香草，因为他们认为香草是对身体有害的）。在佛罗伦萨商人弗朗西斯科·卡莱蒂于1594年至1606年环球航行期间，曾经在一个叫圣乔纳特（S. Jonat）的地方逗留。此地位于危地马拉和萨尔瓦多的交界处，可可产量极高。卡莱蒂称，不仅当地人和西班牙人饮用巧克力，凡是到达这个地方的人无一不被巧克力的魅力所折服："他们只要喝上一口巧克力就会上瘾，忍不住每天早上或下午天气热时都要来一杯。他们有时也会将巧克力放在盒子里，加入一点香料，或者做成块状带到船上去，想喝时用水泡开即可。"[7]

托马斯·盖奇（Thomas Gage）在1648年出版了一本《说英语的美洲人》（*The English-American*），里面讲述了一个关于饮用巧克力成瘾的有趣故事。他的《海陆的艰苦经历———一份关于西印度群岛的新调查》（*Travail by Sea and Land, or a New Survey of the West Indies*）[8]是我们研究17世纪玛雅地区的重要资料。盖奇于1600年出生在一个英国天主教家庭，后赴法国和西班牙跟随耶稣会士学习。后来他与老师决裂，进入多米尼加的一座修道院，这一行为让整个家庭蒙羞。1625年，盖奇作为多米尼加传教士出发前往新大陆。1637年回到塞维利亚。回到英国后，他于1640年又改信英国国教，这更让他的亲戚们大发雷霆。他的《说英语的美洲人》一书就是献给克伦威尔的，这本书反对天主教和西班牙人的做法，揭露了西班牙在美洲的脆弱防御，旨在煽动英国人入

侵美洲。事实上，在1655年克伦威尔的军队占领牙买加时，盖奇也在场。后于1656年去世。

盖奇记载的关于饮用巧克力上瘾的故事发生在皇家恰帕市（Chiapa Real），

即现在的圣克里斯托瓦尔·德拉斯卡萨斯。这是一个位于上万个高地玛雅村庄之中的殖民城市，但以前除仆人之外的玛雅人均不得在此过夜。因此，这个城市自然成为 1994 年 1 月萨帕塔民族解放军起义的进攻目标。但我们的故事与玛雅人关系不大，而主要是关于该地的上层欧洲女性。她们声称自己胃不舒服，如果不喝一罐热巧克力，再吃点罐头、喝点糖浆，就无法坚持完祈祷，更不用说布道了。主教大怒，在教堂门口张贴告示，称任何胆敢仪式进行期间在教堂饮食的人均将被逐出教会。贵妇们虽不悦，却也并不悔改，称她们再也不会去教堂祈祷或听教了。

托马斯·盖奇和当地的多米尼加修道院院长努力平息事端，告诉主教市民扬言要取他性命。但是主教不为所动，称与上帝和教堂的神圣相比，他个人的生命不值一文。这些贵妇的印第安仆人依然将巧克力带进教堂，在牧师试图没收巧克力时还起了争端。教堂渐渐门可罗雀，因为对巧克力上瘾的人都开始改去修道院了。主教又宣称要将一切拒绝来教堂的人逐出教会。

而主教本人在喝了巧克力后一病不起（看来在东西半球，人们都喜欢利用巧克力下毒）。他在病中不忘祈求上帝惩罚犯罪的人，并于八日后撒手人寰。至于下毒人，据说是一个主教的侍从，也是盖奇的熟人，应该与主教关系很亲密。这位侍从将下了毒的巧克力倒入罐子里。由于这件事，17 世纪的中美洲开始流传一句歌谣："小心恰帕斯的巧克力"。

叙述完这个故事后，盖奇隔了几页又对可可和巧克力的制作过程进行了细致的描述，其中包括在巧克力中加入了什么调料。他细致地阅读了科蒙内罗·德·雷德斯玛的著作，研究了巧克力在药性方面的利弊。他还在书中提出了他认为的 "chocolate" 一词的词源：虽然他的理论并无依据，却被世界各地的学者引用。盖奇称 chocolate 一词源自 atle，在墨西哥当地的语言纳瓦特语中意为"水"，这一点还算有据可循；但他认为 choco 是源自搅拌棒敲打巧克力的声音——choco, choco, choco，二者相结合就有了 chocolate。这样的理论的可信度是非常低的。

无论是在被殖民的中美洲还是在欧洲的天主教国家，教规均禁止在斋戒期间观察、凝视或食用巧克力。可是似乎这些规定本身也没能明确到底平时习惯饮用巧克力的人在斋戒期是否应该戒掉。例如新西班牙的耶稣会就曾在 1650 年 6 月公布了一项法案，禁止基督徒饮用巧克力。但这项法案根本无从实施，最终宣告无效。甚至很多学生因这项法案辍学了。[9]

但是殖民地时期的中美洲也有一些宗教信徒和世俗牧师是非常虔诚的，他们坚持不享用世界上各种令人愉悦的东西，其中也包括巧克力。其中就有危地马拉一位近乎圣人的人，名叫圣佩德罗·贝坦库尔（Venerable Pedro Betancourt），他于 1667 年去世。根据他的教会史，这位圣人用食品室里的奶酪屑、面包屑、巧克力屑和黑糖来制作巧克力。历史学家还称：

> 圣佩德罗曾拜访一位宗教人士，他请他喝一杯巧克力，这位上帝的忠实仆人接下了这杯巧克力，但要求制作巧克力的人在制作时必须背诵天使女王的安慰曲。捐助者的女儿为他制作了巧克力，却忘记在拍打巧克力时背诵安慰曲。但这个女孩忘了圣佩德罗的规定，还是献上了这罐巧克力。圣佩德罗尝了一口就发现了问题，把巧克力罐还了回去，称："这巧克力尝上去不像天使女王的味道。"[10]

圣佩德罗死后，给这个捐助者的女儿留下了一小篮面包、巧克力和糖，另外还有 3 比索。

瓜亚基尔："穷人的可可"

由于 17 世纪从墨西哥中部向危地马拉和索科努斯科出口的可可量降为 16 世纪的一半，墨西哥市场上的可可价格暴涨，其他生产者迅速进入市场，以满足当地市场的需求。其中最主要的新兴供应商是来自厄瓜多尔瓜亚基尔沿岸的可可庄园主及委内瑞拉的可可种植者。

似乎瓜亚基尔的庄园主捷足先登了。[11] 瓜亚斯河下游和临近的海岸只比厄瓜多尔偏南一点。受墨西哥暖流（墨西哥暖流经过瓜亚基尔后再向西抵达太平洋）的影响，此地依然是完全的热带气候，降雨充沛、植被丰富。西班牙人

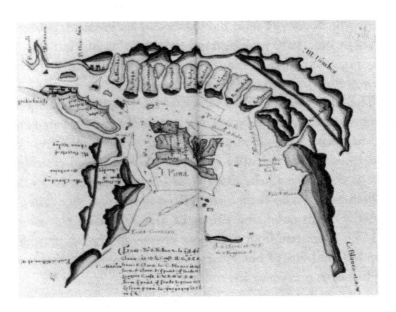

一幅 18 世纪英国的厄瓜多尔的瓜亚基尔湾地图，瓜亚基尔湾是整个殖民史中廉价可可的主要产地。

征服秘鲁后，在此处落脚，无意中发现大片的野生可可林，这里的可可正是佛里斯特罗种，原产于热带南美洲。17 世纪初，人们将可可树周围的树木清理干净，开始人工种植。1634 年，瓜亚基尔作为省会，被荷兰海盗占领。到了 1635 年，整个瓜亚斯流域遍布可可树。瓜亚基尔此时已恢复过来，商人也开始将大量的可可豆运送至墨西哥和危地马拉市场。由于贸易量巨大，危地马拉当地的生产商开始多次要求殖民政府颁布皇家政令，禁止瓜亚基尔的可可进入危地马拉或通过阿卡普尔科港口进入墨西哥。但这一要求无论在 17 世纪还是 18 世纪均收效甚微。此外，继承了波旁王朝的卡洛斯三世（1759 年至 1788 年间统治西班牙）曾受自由贸易政策的启蒙，这意味着如果限制南美洲的可可贸易，则贸易量会大大下降。到了殖民时期的最后几十年，即 1784 年至 1821 年，进入新西班牙的可可中 41% 来自瓜亚基尔。

但是我们都知道，与高品质的中美洲可可相比，厄瓜多尔的佛里斯特罗可可产量大、价格低廉。这种可可豆体积大、味道干苦，并不讨人喜欢，更不受美洲的殖民精英待见（他们还是喜欢索科努斯科和委内瑞拉的可可）。所以厄瓜多尔的可可被称为"穷人的可可"。为什么它的价格能如此亲民呢？一是因为佛里斯特罗树的产量本就比克里奥罗高；二是因为此地有大量黑人奴隶取代了印第安人在劳作，而白人的庄园是不能用这么多奴隶的。这意味着此时所有人均可享用巧克力。当然，由于瓜亚基尔的巧克力味苦，不得不加入大量的糖才能喝得下去。好在糖也是由"自由"的奴隶生产的，所以价格也并不高昂。我们在后文中将详述臭名昭著的奴隶和可可的话题。

委内瑞拉

在有利可图的墨西哥市场，委内瑞拉是厄瓜多尔的主要竞争对手，也是17世纪和18世纪进入欧洲市场的主要可可出口国。[13] 委内瑞拉的可可生长在北部近水的细窄平原上和加勒比沿岸。岸边有高耸入云的山，看上去就像在海里一样，因为委内瑞拉可可的生长区域并不宽。岸边常年刮东北风，掀起巨浪拍打着海岸，也很少有自然的海湾。似乎只有西边的委内瑞拉湾和马拉开波河能供商船停泊。此外拉瓜伊拉海湾也是从新大陆向旧大陆运送可可的主要港口，现在已有人工的防波堤保护。该海湾位于内陆的首都加拉加斯北部，与首都之间还隔着一道山脉。

此地的可可为克里奥罗的一种，无论出口至何地，均统称为"加拉加斯"（Caracas）可可。质量略逊于索科努斯科，但依然备受推崇。在西班牙人登陆之前，这种可可应该就已经在野生生长了，因为在16世纪70年代的文献中有关于委内瑞拉可可的记载。最终，殖民者受到美洲种植可可树大获成功的鼓励，也开始在庄园中种植可可树。可是此时印第安人已大量死亡，虽然此地适宜可可生长，但要去哪里找劳动力呢？

在教皇三世颁布禁止使用印第安人奴隶的诏书之前，西班牙人一直在心安理得地奴役美洲原住民。实际上，奴役美洲原住民也是哥伦布初期计划的一部分，因此安第斯山脉说阿拉瓦克语的印第安人才会遭遇不幸。但是从非洲通过大西洋运抵美洲的著名的中段（Middle Passage）则是另一回事了。这一贸易未受到教皇的禁止，也鲜为人所知。在这项罪恶的贸易中，西班牙的竞争对手法国、葡萄牙，以及英国、荷兰和丹麦等新教国家均有参与，且收益颇丰：每次从非洲的奴隶港，如维达港运送一批黑奴到美洲，存活下来的黑奴就能让他们大赚一笔。为了加快这项贸易的效率，所有参与其中的国家均采用了"三角贸易"系统：某国运输奴隶的船只载着衣服、武器和金属工具等商品抵达非洲奴隶仓库，用商品换取奴隶。奴隶在极其恶劣的条件下运往美洲，在殖民地新大陆的蔗糖、可可、靛蓝和烟草庄园中劳动。这些庄园的产物会再被运送回母国进行出售。

因此，从伦敦的佩皮斯到佛罗伦萨的科西莫三世，欧洲人饮用的巧克力主要来自奴隶生产的加拉加斯巧克力。如今，我们还能在委内瑞拉沿海居民身上看到这项贸易的痕迹，他们明显拥有非洲和安达卢西亚的血统。

单就理论而言，西班牙皇室应严密控制着委内瑞拉与拉丁美洲其他地区的可可贸易。然而实际上，沿海的商人和种植者一直在积极地进行交易，因此此地有越来越多的可可运至荷兰，通过卡迪斯港的可可则越来越少。荷兰和英国的海盗经常侵袭这一带。到了 17 世纪 20 年代，荷兰占领了几座位于委内瑞拉

17 世纪在加勒比海域和委内瑞拉岸边进行奴隶和可可贸易的荷兰船只。

湾东北部具有战略意义的岛屿，并在其中的库拉索岛上建立了海军基地。

英国航海家和探险家威廉·丹皮尔（William Dampier）在 1685 年的报告中称，荷兰人从与本就有很强的合作意向的委内瑞拉人开始了非法贸易，获利颇丰；并称 3 至 4 艘荷兰船只可能会同时出现在岸边，船上载着各种欧洲的商品（尤其是亚麻制品），进行大规模的交换，换回的物品主要是可可和银；荷兰人再将可可运送至阿姆斯特丹，可能最终会出现在佩皮斯的"美味巧克力"杯中。我们还从其他资料中得知，荷兰人作为"中段"的行家里手，给库拉索带来了许多奴隶：据估计，1650 年至 1750 年间，每年有 2 万名奴隶登陆库拉索，1750 年后，每年登陆的奴隶数高达 10 万人。[15]

188 毫无疑问，这项私人业务导致西班牙王室损失惨重。鉴于国家贸易通常是垄断的，1728 年，菲利普五世授予吉普斯夸皇家企业（Real Cempañía Guipuzcoana）在沿海地区生产和买卖可可的特权，该公司还必须对沿海地区进行巡逻，镇压一切有损王室财产利益的非法买卖活动。[16] 这是一家巴斯克公司，而巴斯克人早在 16 世纪就开始在北美洲的东北部捕鲸、捕鳕鱼并进行贸易，因此对美洲并不陌生。他们还有一大优势，即他们的语言与世界其他语言均无关联，这有利于计划的保密，不让殖民地居民和荷兰人听懂他们在说什么（他们的海军常与荷兰海军起冲突）。

1730 年至 1784 年间，吉普斯夸公司累计向西班牙出口了 4.3 万多吨可可，从这个意义而言，授权吉普斯夸公司的决策大获成功。但是他们未能杜绝非法贸易的现象，反而留下了严酷残忍的坏名声，这也是导致许多委内瑞拉人支持 19 世纪初的独立运动的一个因素。

无论如何，卡洛斯三世在西班牙帝国推行的反对垄断的自由贸易并不适用于美洲。他对秘鲁和墨西哥总督区之间贸易的禁止对瓜亚基尔的种植者和商人都是一个巨大的打击，也再次带来了墨西哥市场上佛里斯特罗可可的繁荣。佛里斯特罗可可虽然品级次于"加拉加斯"可可，但价格也更低廉。

巴西：耶稣会的事业及其级

说到巴西的早期可可贸易，就不得不先谈谈耶稣会。如我们上一章中所说，成立于 1534 年的修会是教会的军事机构，狂热地维护着教皇至高无上的地位。这是一个全球性的、严谨的、秘密的组织。因此，修会被认为是对天主教欧洲统治的威胁，尤其是对耶稣会士所及之地的西班牙和葡萄牙统治者的威胁。修会的牧师并不多，至 18 世纪中期的顶峰时期也不过 2.2 万人，但却招致从国王起自上而下的一致恐惧和厌恶（只有路易十四除外，因为他将耶稣会视为对抗其对手——法国的新教徒和詹森主义者的有效武器）。

但从经济角度来看，耶稣会在新大陆最成功的传教地为巴拉圭，但他们的传教方式让很多人不寒而栗。他们策划了 30 个任务或"灭绝工作"，控制了上万印第安人，并对他们的生活和劳动有完全的控制权。这些印第安人生产烟草、皮革、棉花等，给耶稣会带来了巨大的利益。这些当地居民受到了严密的管制，甚至有传说称耶稣会的教父每晚摇铃提醒男人们与妻子性交。至于这些"巴甫洛夫的狗"是否真的依命而行，我们不得而知。

这种特殊的耶稣会体制有点像波尔布特的柬埔寨，后来再也没在美洲出现过。但是在巴拉圭出现的经济现象（当时在玻利维亚东北部的莫克索斯区域的可可生产中也曾出现过）却在巴西的亚马孙河沿岸及其支流沿岸以更柔和的方式出现。耶稣会士在此发现了大量野生佛里斯特罗可可及几千个热带雨林区的印第安人，其中猎人、渔夫和木薯种植者占了大多数。很可惜，这些人早就是专业搜寻奴隶的葡萄牙人和混血儿的目标了（他们搜寻奴隶的活动一直持续到 20 世纪）。正是由于他们，耶稣会士首先开始反对这种卑劣的行径。[17]

就像在巴拉圭的做法一样，耶稣会士将这些当地居民以村（*aldea*）为单位组织起来，与外部世界隔绝，定期派他们深入森林采集可可。在 1639 年的报告中，有一名早期的耶稣会士描述了亚马孙河沿岸生产的重要物品，其中位列第一的是木材：

189

190

第二个重要物品是可可。河边长满了可可树，有时候，其他树木都被砍下做军用住所，只剩下了可可树。它们产出的果实就是在新西班牙和其他知道巧克力的地区倍受推崇的可可豆。培育可可（如清理可可）的利润很高，如排除支出，一棵树一年即可有 8 个银制雷阿尔的利润。显而易见，在河边种可可树并不难，不需要任何人工技术，大自然就能让可可树硕果累累。[18]

但种植可可绝对是一个劳动密集型的过程：12 至 24 个印第安人划一只巨大的橡皮艇进入雨林采摘可可。但是人们尚不会认真地集中处理采来的果实，由于干燥方法不当，经常有大量的可可腐烂。此外，采来的基本是佛里斯特罗可可，只能做出低品质的巧克力。但由于政府同意修会免税运送可可，耶稣会从中获取了巨额利润。在 18 世纪 40 年代和 50 年代的天花和麻疹爆发、印第安感染进大量死亡之前，可可一直是亚马孙地区的主要出口商品。

当然，由于耶稣会的贸易取得了巨大成功，加之非耶稣会人士对修会的怀疑，东、西两半球的人都对耶稣会非常反感。圣西蒙公爵在亲耶稣会的路易十四的宫廷回忆录中，不断津津有味地讲述一个关于耶稣会的可可贸易的逸事。[19] 1701 年，每年航行一次的西班牙小舰队如常从美洲抵达西班牙。搬运工在卸货时发现了八只大板条箱，上面写着"献给耶稣会总会长的巧克力"。搬运工几乎搬不动这巨大的箱子，费尽九牛二虎之力才将它们弄进卡迪斯的仓库。检验员打开箱子，发现箱子里堆着几大块巧克力，分量非常重：原来这些都是金块，只是外面裹了一层手指厚的巧克力。耶稣会否认了这批货物。圣西蒙认为耶稣会是不愿承认这批货物，为此不惜损失它们，毕竟所有金子都归皇家所有，因为这是一级的走私罪。当然，最后金子收归国家财库，而巧克力就留给了"发现这一罪行的人"。

但是耶稣会在欧洲和美洲均已好景不长，最直接摧毁者是庞巴尔侯爵，他在软弱的何塞一世统治时期（1750—1777）是葡萄牙的实际独裁者。1751 年，弗朗西斯科·泽维尔·德·门东萨·费塔朵（Francisco Xavier de Mendonca Furtado）作为新一任总督入驻巴西，他是庞巴尔的兄弟。和庞巴尔一样，新总督也不喜耶稣会，他甚至不喜欢一切宗教修会。兄弟二人宣称耶稣会正在用阴谋诡计削弱皇权，这一诊断也并非毫无依据。1759 年，耶稣会被逐出葡萄牙和巴西。西班牙的波旁王朝统治者——卡洛斯三世也素来反对耶稣会，于是在 1767 年也将耶稣会从西班牙和包括巴拉圭在内的殖民地驱逐出去。教皇克莱芒十四世在 1773 年废除了修会，几乎给修会致命一击。讽刺的是，

庞巴尔侯爵（1699—1782），他推动了将耶稣会从巴西驱逐的行动，并鼓励在巴西发展使用奴隶劳作的可可庄园。

耶稣会竟然在普鲁士和俄罗斯这两个非天主教国家存活下来，接受弗雷德里克和凯瑟琳的保护 。

庞巴尔对巴西亚马孙河流域的可可生长区域另有打算。在坚决地驱逐耶稣会之前三年，他成立了 Great Para and Maranhão 贸易总公司。这家公司和西班牙的吉普斯夸公司一样，也是一家国家垄断公司，完全由政府出资。[20] 庞巴尔制定了政策，规定不得奴役印第安人，但是当地居民拒绝在可可庄园劳作。于是庞巴尔加快了从非洲进口黑奴的速度，迅速取代了当地的劳工。当拿破仑战争切断了从委内瑞拉到英国的可可供给线时，亚马孙地区增加了出口量。英国咖啡馆的巧克力品质虽有所下降，但有聊胜于无。到 19 世纪末，由于巴西废除了奴隶制，加之剩下的劳工没能躲过当时的流行病，亚马孙地区的可可庄园突然销声匿迹。可可产业在巴西得以延续，但贸易中心已从亚马孙地区移到了亚马孙三角洲以南的海湾沿海区域。

幸运的与不幸的岛屿

美丽的西印度群岛到了冬天就成了北美和欧洲中上层阶级的玩乐天堂。它曾经有一段盛衰无常的历史，其中又以悲剧居多。自哥伦布1492年"发现"西印度群岛以来，欧洲的势力在这里盘踞了几个世纪之久。很久以前，安第斯、阿拉瓦卡和加勒比的原住民就因疾病和西班牙人的侵略而灭绝了。在这片土地上，海盗、定居者、主要的欧洲国家和几十万经由"中段"被带到此地的不幸黑奴争战不休，最终形成了今天各个种族、语言、文化、政府和政治面貌相互交融的局面。

西班牙当时已很难维持在西印度群岛的统治，因为近几个世纪，西班牙的舰队和港口经常遭到荷兰、英国和法国的海盗侵扰。到16世纪中叶，荷兰的海盗了解到许多船只中运载的可可的价值，但英国的海盗有些后知后觉。最

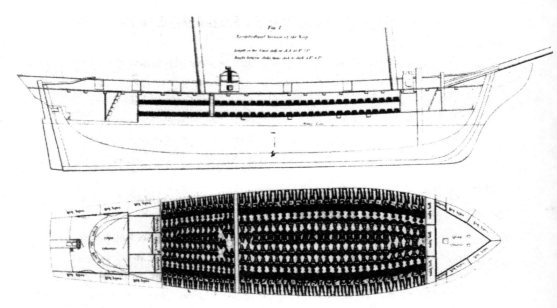

装运黑奴的船只 *Vigilante* 的轮廓和底舱平面图，于1822年从法国南特启航。船上装运了几十万黑奴去热带美洲的可可庄园。

终，英格兰海盗通过其他途径了解到这一点。到了 1684 年，约翰·埃斯梅林（John Esquemeling）在《美洲的巴巴利亚海盗》（*Bucaniers of America*）关于瓜亚基尔沿岸掠夺的记述中称："我们也抢到了一点优质巧克力，西班牙人的巧克力的用途很多。现在，我们每天早上都能享用一小碟巧克力，约为一品托的量。"[21]

当英国于 1655 年攻占牙买加时，他们发现了很多新建的可可庄园。牙买加可可因此很快进入伦敦市场，余下部分在牙买加当地消耗。几年前，我们前往皇家港口船长的考古遗址，此地据称是美洲最邪恶的城市，于 1692 年毁于地震。在英国人生产的成千上万的工艺品（如玻璃制品、白蜡制品、银制品等）中，也有洪都拉斯生产的弧面磨石，用于未在港口驻扎的富裕商人、走私者和海盗研磨可可。但是灾难不断降临这些岛屿，到 17 世纪 70 年代，一阵所谓的"疾风"（可能是一种枯萎病）将牙买加的可可树清洗一空。

安第斯的其他岛屿大多常被法国人和英国人侵扰，只有马提尼克和瓜德罗普以及伊斯帕尼奥拉西部一直处于法国的控制中。由于法国运送黑奴的船只源源不断地向他们在西印度的殖民地运送黑奴，这些地方并无劳动力短缺之虞。黑奴一到，贸易商便以五倍于在非洲海岸的采购价格将其卖出。法国的两个主要奴隶贸易港——南特和波尔多就在这样的"三角贸易"中富裕起来，它们的财富不仅来源于黑奴贸易，还来源于稳定的烟草、糖、咖啡、可可、棉花、靛青和其他热带地区物品的收益，用于在母国大量生产糖、织品和巧克力磨臼。1817 年，法国正式废止奴隶制，但是南特又秘密进行了二十年的奴隶贸易。[22]

据耶稣会士让 - 巴蒂斯特·拉巴特称 [23]，第一个在马提尼克种植可可树的是一个名叫本杰明·达科斯塔（Benjamin Dacosta）的犹太人。他于 1660 年前后开始种植可可，但在 1664 年就被驱逐出境，因此他的事业也就此夭折。拉巴特称，1680 年起，才有人开始大规模地在北边的多米尼加岛和南边的格林纳达岛种植可可树，并大获成功。拉巴特神父语带嘲讽地评价这些种植者：

> 这些岛屿上的居民大多也饮用可可，可可和白兰地及烟草共同构成了
> 当地的时间计量标准。比如你要问当地人他们何时离开又何时抵达，他们

会说:"我在喝白兰地时[*eau-de-vie*]离开,在喝巧克力时抵达",意即 8 点。再比如,如果想了解两地间的距离,得到的回答通常是"两根烟或三根烟的工夫",因为他们习惯抽着烟走路。[24]

可惜 1727 年,马提尼克也遭遇了一场大地震(可能是 1902 年摧毁了同一地区的圣皮埃尔的培雷火山喷发的预兆),大量的可可庄园受损。幸好当地的可可产业得以幸存,且马提尼克的优质克里奥罗可可种植还延伸到了瓜德罗普。在 18 世纪的大部分时间中,这两座岛屿的可可产量足以满足法国大都市

18 世纪在马提尼克贩卖奴隶。图左有人在臼中捣碎食物,这是非洲人研磨食物的方法。

市场的可可需求，并逐渐代替了"加拉加斯"可可。[25] 启蒙运动时期的哲学家虽信奉人类自由，但他们喝的巧克力却沾着西印度黑奴的汗水。然而我们并无资格指责他们的伪善，毕竟书写《独立宣言》的人也是一位奴隶主。

面积广阔的特里尼达岛位于委内瑞拉奥里诺科河三角洲附近，也在巧克力史上留下了浓墨重彩的一笔。哥伦布率先发现特里尼达岛，后由西班牙人殖民（西班牙人后将此地的加勒比原住民驱逐出去）。在历经荷兰人、法国人和英国人的统治后，最后于1802年被英国接管。阿拉贡和加泰罗尼亚的嘉布遣会修士将克里奥罗可可引入特里尼达岛，成为该岛的主要资源之一。1727年，一场性质不明的灾害席卷了可可庄园，大量可可树死亡。三十年后，嘉布遣会的神父重新回来传教，这次带来了可可树苗，这种可可是他们所谓的佛里斯特罗可可或"异域"可可，很可能来自中奥里诺科区的野生种。这种可可树开始在特里尼达岛与当地留存下来的克里奥罗可可树杂交，产生了新的特里尼达种（*Trinitario*）。特里尼达种结合了克里奥罗的上乘口味和佛里斯特罗种的生命力强、抗灾害和高产的特性，因此这个新品种与佛里斯特罗一道在全球范围传播开来。某些地区，如委内瑞拉的加勒比海沿岸，在引入特里尼达种后便不再种植克里奥罗了。

新平台：可可环航世界

西非曾有几十万人被奴役，被迫在白人的可可种植园劳作，现在却成为世界上可可产量最高的地区，不可谓不讽刺。[27] 这一转变是如何发生的呢？原来这也是一项欧洲殖民事业。1824年，葡萄牙人将巴西的佛里斯特罗可可树苗移植到几内亚湾加蓬西侧的圣多美。自此以后至19世纪末，可可均是圣多美岛的主要出口物之一。1850年前后，葡萄牙人又将圣多美的部分可可树苗移栽到比奥科岛（属于赤道几内亚），此地的佛里斯特罗可可产量喜人，因此也开始大量出口。可可树从葡萄牙在非洲的殖民地被运送至黄金海岸（加纳），再送至尼日利亚，到了1905年又运至象牙海岸（科特迪瓦）。到19世纪末期，德国人开始在喀麦隆种植可可树。

英国人经由旧大陆的热带，一路向东，将可可带到 Ceylon（斯里兰卡），而荷兰人则将可可带至东印度群岛（爪哇岛和苏门答腊岛）。到了 20 世纪上半叶，欧洲的皇室开始在大洋洲建立可可种植园（在新赫布里底群岛、新几内亚群岛，甚至在萨摩亚群岛）。在上一章中我们已提及，西班牙人曾跨越太平洋，将克里奥罗的树苗从墨西哥带入菲律宾。现在，美洲人击败西班牙后，创建起了自己的可可种植园。

因此，2012 年的市场报告显示，非洲提供了世界上 70% 的可可，而墨西哥（这里不仅是巧克力的发源地，也是可可一词的诞生地）的产量只占 1.5%。这份报告的数据显示，几个主要的生产地区的重要性排序为：（1）象牙海岸；（2）加纳；（3）印度尼西亚；（4）尼日利亚；（5）喀麦隆；（6）巴西；（7）厄瓜多尔。[28] 由于在亚马孙以北的地区发现了一种抗病的植株，因此现在的佛里斯特罗可可产量空前，达到世界可可总产量的 80%；另外的 10%—15% 为特里尼达种，克里奥罗的产量只能屈居第三。实际上，墨西哥、危地马拉、哥斯达黎加、安德列斯群岛和斯里兰卡种的都是佛里斯特罗。

克里奥罗曾经是西班牙皇室巧克力饮品的制作原料，现在依然是人工种植的可可中最优质的品种，现在产量如此之低，是否意味着它已经穷途末路了呢？格雷欣法则认为，劣币必将驱逐良币。好在（我们在第八章和第九章将进一步阐述），质量并未完全被产量击败，依然有人愿意用高价购买口味更加的巧克力。欧美的足球赛场边贩卖的巧克力里也许不会有克里奥罗可可，但是奢侈的甜点和高端的黑巧克力中依然有克里奥罗可可。

第七章　理性时代和非理性时代的巧克力

　　谈及 18 世纪欧洲的旧制度（anciens regimes），就不得不说说当时人口最¹⁹⁹稠密的国家——法国 1789 年发生的事情。为什么这场大革命发生在法国，而不是其他国家，比如英国、西班牙或俄国呢？法国大革命发生以后，托克维尔（Tocqueville）和卡莱尔（Carlyle）等社会历史学家和政治历史学家就开始探寻背后的缘由，"启蒙时代"可谓是被学者分析研究得最透彻的时代了。无论法国大革命和美国独立战争的起因为何，18 世纪毫无疑问是一个全球范围内飞速变化的世纪。这种变化之所以是全球性的，是因为帝国和商业网络已触及全球各个角落，其中英国、法国和荷兰控制着各片公海。

　　这一时期，欧洲和北美的人口迅猛增长（背后原因暂不明确）。新生人口中很多属于穷困阶层，但也有一些出身富裕。因此，18 世纪的消费主义大行其道，小生产商急速增加，生产出大量商品，尤其是纺织品，用于家居消费。随着科学技术的进步和创业精神的普及，以英国为首的一批国家于 18 世纪下半叶开始了工业革命。这一切都加剧了贫富差距。我们印象中的 18 世纪充斥着优雅的画室、夸张的假发，以及一小部分人讲究的举止。而实际上，无论在城市还是在农村，由于食品短缺引发的暴乱无时无刻不在上演，只是都被武力镇压了而已。

　　信息大爆炸也随之出现。媒体上可见各种素材，其中一些是很偏激或有煽²⁰⁰动性的文字，报纸也是随处可见。虽然教会将一切破坏性的、自然神论的，甚至美学的书籍列入禁书表，却无法阻止这些文字的暗中传播。在当时发达国家

（英国、法国、德意志和意大利城邦）的知识分子中，形成了哲学学派。他们提出应检查社会的构成基础，质疑教会、贵族甚至君主的合法性，捍卫人权和财产权，这样才能拥有自由而富足的生活。这一群人就是启蒙运动的领导者，他们提出的基本问题在接下来的几百年间不断回响。但至少就法国而言，这些辩论只发生在富裕阶层的沙龙中，在虔诚的大众阶层鲜闻其声，他们中大多数是文盲或半文盲。

饮食自然体现了这种经济、社会和宗教的分化。沃尔夫冈·施菲尔布什（Wolfgang Schivelbusch）在他的《天堂的味道》（*Tastes of Paradise*）[1] 一书中，认为巧克力是南方人、天主教徒和贵族阶级的宠儿，而咖啡则是北方人、新教徒和中产阶级的爱好。贵族在享用悠闲的早餐时会配一杯巧克力，而资产阶级的商人不得不用咖啡来提神。他认为咖啡是提取身体的养分供大脑使用，而巧克力的作用则正好相反。别忘了，忠诚的约翰·塞巴斯蒂安·巴赫（Lutheran J. S. Bach）写过一首咖啡颂，却没写过什么歌颂巧克力的歌。那么工人阶级喝什么呢？他们喝酒：南方人喝廉价的烈酒，而北方人喝啤酒（后来北方人也渐渐开始喝廉价的杜松子酒。贺加斯［Hogarth］在他的《金酒小巷》［"Gin Lane"］中就曾描绘过杜松子酒的烈性，真让人难以忘怀）。歌德似乎是个例外，因为他嗜饮巧克力。但施菲尔布什对此的解释是，这是一个想从中产阶级爬升至贵族阶级的人。他还称，正是两个主要的新教国家——荷兰和瑞士，在19世纪终结了西班牙（以及中美洲）饮用巧克力的传统。

法国沙龙的哲学家（*philosphes*）也偏爱咖啡，而天主教教士（尤其是耶稣会士）、支持教皇的人士及反对启蒙运动的人则更钟爱巧克力。

1859年出版的小说《双城记》中，描述了欧洲北部新教资产阶级对18世纪的巧克力饮用者的看法。本书的作者查尔斯·狄更斯是一位坚定的中产阶级，他在《大人在城里》这一章中写道：

> 宫廷里炙手可热的大臣之一的某大人在他巴黎的府第里举行半月一次的招待会。大人在他的内室里，那是他圣殿里的圣殿，是他在外厢诸屋里的大群崇拜者心目中最神圣的地点中最神圣的。大人要吃巧克力了。他

可以轻轻松松吞下许多东西，而有些心怀不满的人也认为他是在迅速地吞食着法兰西。但是，早餐的巧克力若是没有四个彪形大汉（厨师还除外）的帮助却连大人的喉咙也进不去。

不错，需要四个人。四个全身挂满华贵装饰的金光闪闪的人。他们的首领口袋里若是没有至少两只金表就无法生活（这是在仿效大人高贵圣洁的榜样），也无法把幸福的巧克力送到大人的唇边。第一个侍从要把巧克力罐捧到神圣的大人面前；第二个侍从要用他带来的专用小工具把巧克力磨成粉打成泡沫；第三个侍从奉上大人喜好的餐巾；第四个（带两只金

瑞士艺术家让 - 艾蒂安·利奥塔德（Jean-Etienne Liotard，1702—1789）的粉蜡画，描绘了一个正在饮用巧克力的年轻女士。

表的人）再斟上巧克力汁。削减一个侍从便难免伤害大人那受到诸天赞誉的尊严。若只用三个人就服侍他吃下巧克力将是他家族盾徽上的奇耻大辱。若是只有两个人他准会丢了命。*

202 从这一章的描述中我们可以看到，西班牙和葡萄牙在美洲的所有殖民地中，各个阶层都嗜饮巧克力。他们喝的巧克力也许品质不高，但普及率却远远高于欧洲。在莫扎特 1790 年的歌剧《女人皆如此》的第一幕中，对社会现象作了一段启蒙式的评论。这一幕发生在两个卖弄风骚的人——费奥迪丽姬和朵拉贝拉家的画室，她们的女仆黛丝宾娜走了进来，用托盘托着一只巧克力壶和几只杯子，说道：

203 　　当太太的女仆真是太不幸了！从早到晚有流不尽的汗、干不尽的活，辛苦完，我们却一无所得。我打了整整半个小时的巧克力，现在却只能咽咽口水、闻闻味道而已。我的味蕾难道和你们有什么不同吗？尊贵的小姐啊，为什么你们能品尝到巧克力，而我只能闻闻味道呢？酒神巴克斯，请允许我尝一口吧。（她尝了一口。）

　　天哪，太美味了！ [2]

　　人们在 18 世纪饮用的巧克力与巴洛克时期的巧克力并无显著区别：无论是备制方法、所用的器具还是加入的调料和香料，均大同小异。最大的区别在于巧克力的消耗量：巴洛克时期的巧克力无处不在，可制作巧克力棒、巧克力丸、冰巧克力、甜点、主菜，甚至是意面和汤。而随后的两个世纪，巧克力的应用又在此基础上继续发展。

---

* 译文摘自：查尔斯·狄更斯著，《双城记》，张玲、张扬译，上海：上海译文出版社，1998 年第 1 版。——译者注

中世纪专家的证明

在此，我想先改编《双城记》著名的开篇语："这是最好的饮品，也是最差的饮品。"医学上对于巧克力及其他两种热饮——茶和咖啡的观点有很大的分歧，但这些观点都来源于古典时期老掉牙的体液理论。

许多 18 世纪的权威人士认为只要不过量饮用，巧克力总体还是利大于弊的。教皇克莱芒十一世阿尔巴尼的医生乔万尼·玛丽亚·兰奇希（Giovanni Maria Lancisi，1654—1720）就持有这一观点。他按照教皇的指示，对 1705 年在罗马出现的猝死问题进行了研究（也包括尸检）。[3] 当时的人们普遍认为，猝死是由于嗅闻了劣质鼻烟和过量饮用巧克力导致的。但兰奇希却在他 1707 年的报告中为巧克力证明，列举出一些常喝巧克力也能长寿的例子。

法国的饮食作家路易·莱梅里（Louis Lemery）对巧克力也持有肯定的态度，他在 1702 年伦敦版的《陈腐的食物》（*Trite des Aliments*）一书中称："巧克力可让人恢复精力、增强体人，让饮用者变得更强壮：它可以掩盖酒气、提升性欲，并消除体液的不利影响。"[4]

我们可以举一个巧克力能提升各种年龄的人的"性欲"的例子（但莱梅里等人认为咖啡会降低性欲）。几十年后，一位名叫乔万尼·比恩奇·里米尼（Giovanni Bianchi of Rimini）的医生罗列出可以治疗阳痿的药材，其中包括有雄鹿角、象牙屑和黄樟根，并告诉患者"可在巧克力中加入大量香草和草料，一并饮用"。[5]

法国胡格诺派医生丹尼尔·邓肯（Daniel Duncan，于 1649 年出生在蒙托邦，1735 年于伦敦去世），曾写过一篇关于酒精饮品和非酒精饮品的论文，并于 1703 年在法国初次发表，后又于 1706 年在伦敦发表，在 18 世纪曾多次被权威文章引用。[6] 他认为适量饮用咖啡、巧克力和茶都是有益健康的，但不得过量饮用，否则血液会变稀，热性太大。其中咖啡最为危险，不仅因为咖啡最为普及，更是因为它是属于"热干性"的，过量饮用可能会导致黄疸。此外，每个人还应注意自己的体质：巧克力对血液质（会使血"过燥"）和胆液质的人身体有害。

　　大多数人均认为咖啡是"热干"性质的，却对巧克力的性质难以形成统一意见。一些人认同西班牙人的观点，认为巧克力是"寒性"的，另有一些人认为巧克力是"热性"的，还有人认为只要不加"热性"调料，巧克力就是"温性"的。相比于其他两种观点的持有者，认为巧克力是"温性"的一派更钟情于巧克力，尤其会向老年人推荐这种饮品，称巧克力能延年益寿。一位匿名的法国作家曾在其 1726 年的作品中描述了一位马提尼克的夫人，她没了下巴，无法吃固体食物，只能一天喝三杯巧克力，结果到老年依然身体硬朗。[7]

　　这一观点真是大快巧克力爱好者之心，但到了 1728 年，托斯卡纳宫廷医生乔万尼·巴蒂斯塔·费利奇（Giovanni Batista Felici）又写了一篇观点完全相反的论文。他在论文第一页就放出了重磅炸弹："人类不节制地摄入一些物质，会导致寿命缩短，我认为其中最严重的就是巧克力。"他认为巧克力不是"寒性"，而是"热性"的。但人们误以为巧克力是"寒性"的，因此在其中又加入了"极热"的配料，如肉桂、香草、胡椒、丁香、龙涎香和胭脂树的种子。"我认识一些原本严肃而沉默寡言的人，可他们喝了巧克力之后变得口若悬河，甚至可能失眠、头脑发热，还有一些人会变得易怒，说话声音也大了起来。如果孩子喝了巧克力，会变得更加亢奋，根本无法安静下来、好好地坐着。"[8]

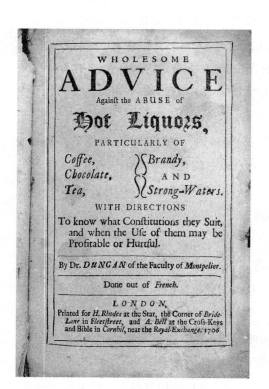

丹尼尔·邓肯于 1706 年在伦敦发表的关于热饮论文的题页，其中提醒巧克力爱好者饮用时要节制。

费利奇列举的巧克力的负面影响让意大利人恐慌，比如心悸、血液变稠、没有食欲，等等。费利奇虽承认巧克力确实可以治疗一些肺部疾病（如肺结核）——这也是大家公认的——但他也提出了警告，称能治病的东西未必对身体有益。

费利奇关于过于亢奋的孩子的论述很有意思。因为约瑟夫·巴雷蒂（Joseph Baretti）在 1768 年出版的《意大利礼仪习俗录》（*An Account of the Manners and Customs of Italy*）一书中称 [9]，意大利的年轻人在早上不得饮用任何热饮，鲜有例外。热饮不仅会危害牙齿，也会让人体质变糟。只有"文明的成年人"早上才能喝一杯巧克力或咖啡。当时的孩子还没资格喝巧克力呢。

我最后引用的作者安东尼奥·雷万登（Antonio Lavedan）是西班牙军队的一位外科医生，于 1796 年出版了关于咖啡、茶和巧克力的小册子，文中不吝赞扬巧克力，认为巧克力可为生活增色添彩。他认为虽然巧克力是"湿热性"的（或者正因为如此），对粘液质的人、老年人和肺病患者非常有益。他在文中引用了吉罗尼莫·皮佩尔尼（Geronimo Piperni）对巧克力的褒奖之词："巧克力是一种神圣的天水，是星星的汗水、生命的种子，是甘露、是神仙的饮料，是宇宙万能之药。" [10]

西班牙

由于新教徒、哲学家和资产阶级商人都钟爱咖啡，因此西班牙在 18 世纪出现了咖啡供应不足的状况，传统的巧克力制法依然占据主流。西班牙本是好饮巧克力的国度，来自瓦伦西亚的马科斯·安东尼奥·奥雷亚纳（Marco Antonio Orellana）的几行诗句也反映了西班牙人对待巧克力的态度：

> 噢，神圣的巧克力！
> 人们跪着研磨，
> 双手祈祷着拍打，
> 饮用时，双眼望天。 [11]

西班牙的耶稣会士照例是巧克力的重要消费者（和进口商）。1721年，圣西蒙公爵时任大使，造访了洛约拉的一处耶稣会场所，受到了很深的触动："……总而言之，这是欧洲顶级的建筑之一，规划合理、装饰富丽堂皇。我们有幸喝到了我此生喝过的最美味的巧克力。在几个小时的参观中，我们充满了好奇与赞叹，流连忘返……"[12]

然而，教会能享受的奢侈到1767年戛然而止。这一年，查理三世将耶稣会及其海外财产从西班牙驱逐出去。阿兰达伯爵大发慈悲，嘱咐当地的法官："请将所有他们日常洗换的衣服一件不少地还给他们，另外把他们的盒子、手帕、烟草、巧克力等用品也一并还给他们……"[13] 耶稣会士是离不开他们的巧克力的！

查理三世统治时期恰逢启蒙运动时期，当时仅在首都马德里一地，一年的巧克力消耗量便已高达1200万磅（约540万公斤），当时马德里人对巧克力的钟情是举世闻名的。当时最优质的巧克力产自玻利维亚亚马孙盆地的莫克索斯地区，此处生产的巧克力香气四溢，毫无苦涩。次一级的巧克力产自索科努斯科、塔巴斯科和委内瑞拉。最劣等的巧克力产自瓜亚基尔和马提尼克，由于此处的巧克力苦味过重，所以必须加入大量的糖来调味。

巧克力此时依然是中上阶层的专利，他们起床后通常先喝一杯冷水（这是西班牙人在饮用巧克力前的习惯），再以巧克力为早餐。用完中餐后，他们会小睡一会儿，然后再饮用些巧克力或冰饮，然后再去工作。到18世纪下半叶，和欧洲其他城市一样，马德里也涌现出许多咖啡馆。人们可以在咖啡馆和饮品店喝茶（茶的价格一般很高）、咖啡、巧克力、烈酒，再吃些法式糕点和腌制品。但只有男士可以光顾这样的场所，女士只能坐在车里，等男士为她们买瓶冷饮来。据社会历史学家查尔斯·卡尼（Charles Kany）称，到了18世纪末，许多新潮人士用早餐时都会喝咖啡或茶，可见西班牙在现代国家中地位尊贵。[15] 由于巧克力起初是专供皇室或教皇饮用的，所以遭到启蒙运动的排斥，而茶一开始就受到激进人士的喜爱，所以代表了文明和自由。

1772年，仅在马德里一地就有近150名巧克力研磨者，他们在1773年创建了巧克力协会，后来西班牙的其他城市也出现了类似的协会。一个合格的研磨者需要六年的学习才能出师，他们通常走街串巷，去喜欢喝现磨巧克力的客户家里为他们研磨巧克力。而巧克力协会的职能就是防止没有商德的研磨者掺假，这些人宣称他们的巧克力中加入了杏仁、松子、面粉、橡子、咖啡（！）、胡椒，以及甜品店和面包房的面包屑和蛋糕屑，甚至还有经干燥研磨的橙皮屑。[16]

当时的旅行者通常很喜欢西班牙的巧克力。美国外交官司约翰·亚当斯（后成为美国第二任总统）在 1779 年从加利西亚费罗尔给女儿的信中写道："我在西班牙尝过了品质最佳的巧克力，我享用过的其他东西都难出其右。我得去问问，这是因为可可果实的质量上乘，还是因为他们用了什么特殊的原料调配，抑或是他们的制作过程有什么独到之处，才使得西班牙的巧克力如此

18 世纪 60 年代曼努埃尔·特拉姆勒斯（Manual Tramulles）的一幅画，展现的是西班牙在社交场合饮用巧克力的风俗。杯托的设计是为了防止巧克力溢出。

惊艳。"[17] 我们只找到一例对西班牙巧克力的负面评价，即于 1755 年到访西班牙的法国牧师——利沃伊的巴纳巴教会（Barhabite）会士。他在与萨拉戈萨大教堂的教士的辩论中称："我同意他（萨拉戈萨大教堂的教士）的观点，巧克力确实是借由西班牙传入欧洲的，但现代的备制方法却得归功于意大利人，尤其是米兰人。"[18] 但教士并不接受这一观点。

法国和英国的旅行者的著作中常有关于沙龙（*tertulias*）或酒会（*refrescos*）的描述。这些活动很受西班牙上层阶级的欢迎，在外国人眼中却十分冗长无聊。一个法国人如是描述这样的活动：一开始，男士女士分处两个房间，等所有人到齐后方可在客厅中聚集，女主人会在客厅中庄重地迎接客人，"像个女王似的享受客人亲吻她的手"[19]。英国旅行者威廉·达尔林普（William Dalrymple）记述了当时一群人"彼此交谈"，一直谈到晚上 11 点，看到饮品（*refrescos*）端上来，大家精神为之一振。仆人还端来了凉水和甜饼干，可以泡在水里让水变甜。随后端来的是巧克力、甜点、饼干、杏仁蛋白软糖、甜杏仁和果仁糖。"客人可以尽情享用，甚至可以把这些甜品装在口袋、手帕、帽子里，让仆人带回去。"[20]

意大利

与 18 世纪意大利的政府和历史大相径庭一样，意大利的巧克力及其他刺激性热饮的备制和饮用方法也各不相同。19 世纪意大利统一前，罗马一直是教宗城市，所以我们很自然地猜测罗马的巧克力消耗量一定很大，事实也确实如此。法国旅行者皮埃尔 – 雅克·贝格雷特·德·格朗古（Pierre-Jacques Bergeret de Grancourt）于 1774 年 1 月 26 日在罗马拜见奥西尼主教。这是一次罗马式的会谈（*conversazione*），与马德里的沙龙不同：

> 很多罗马绝美的公主都会来参加这样的会谈，场内有大量巧克力供应。这些巧克力制作精良、泡沫丰富，可可中只有肉桂，没有香草。意大利人感觉吃香草会被"灼伤"。巧克力味道虽好，我却有些不习惯。[21]

据贝格雷特·德·格朗古称，按意大利（也可能只是罗马）的习惯，人们在早上饮用不含香草的巧克力，在晚上饮用加冰和柠檬的巧克力。

让我们来看看台伯河的另一侧，即梵蒂冈和西斯廷教堂，这里仍保留着传统的场面：即红衣主教团会举行会议，在老教皇去世时选举新教皇。不管是在当时还是现在，这对红衣主教而言都不是一项轻松的差事，如果选举的过程不顺利而不得不拖延，则更是费事。1740年的红衣主教团选举的时间最长，他们用了六个月才选出本笃十四世。弗朗西斯科·贝雷西欧（Francesco Valecio）的日记中详细描绘了18世纪罗马的日常生活图景，其中，他指出在红衣主教团选举期间曾订了30磅（13.6公斤）巧克力，要求送到西斯廷教堂供红衣主教饮用。[22] 他的日记中还记载了红衣主教在此期间频繁地饮用巧克力，从而坐实了激进派对于巧克力是教会阶层专利的指控。

但巧克力也一直有黑暗的一面：其深深的颜色成为毒药的理想掩盖。克莱芒教皇虽是18世纪最软弱的教皇之一，却也于1773年镇压了耶稣会。在1774年（即他去世的这一年），他郁郁寡欢，也一直担心有人要谋杀他。他去世后，身体很快腐烂，指甲也纷纷脱落，证实了广为流传的说法，即教皇确实是被谋杀的。所有人都认为耶稣会是幕后黑手。霍勒斯·曼（Horace Mann）爵士在1774年10月8日给朋友霍勒斯·沃波尔（Horace Walpole）的信中写出了所有罗马人和外国人眼中的真相：

211

> 已有明晰的证据指向谋杀教皇的幕后黑手。在耶稣升天节那一天，教皇的私人甜点师在梵蒂冈给他上了一杯巧克力，其中就有慢性毒药。那一天教皇本人在协助举办升天节仪式。奇怪的是，自从教皇任职以来，就一直提防着有人下毒，那天竟欣然饮下巧克力。更离奇的是，他才喝下一口，就对仆人说这巧克力的味道很糟糕，却依然没有生疑。教皇和甜品师喝完了巧克力，几天后都病了，所有病症和死后的状况均是一样，只不过甜品师在教皇去世后几日才去世。[23]

10月6日，西班牙教士奥古斯丁·弗雷乌（Agustín Ferreu）在给朋友的信中写道，给教皇尸体进行防腐处理的医生的双手和双臂也出现了肿胀，指甲也如教皇的指甲一样脱落了。[24]

虽然《牛津教皇辞典》（*Oxford Dictionary of the Popes*）的作者 J. N. D. 凯莉（J. N. D. Kelly）称验尸结果否认了这些说法，但意大利语有一句老话——"虽不是真，却足以乱真"（*se non é vero, é ben trovato*）。

在"阶级与启蒙"的对立中，与教宗城市罗马相对立的是威尼斯，这个意大利城市是最能包容欧洲乃至全世界其他地区的知识、艺术和商业影响的，可惜现在已出现经济衰退。威尼斯允许异见，只要不挑战共和国（共和国在18世纪末被威尼斯人所憎恶的拿破仑席卷）的权威和完整性即可。长久以来，无论是北方的新教徒，还是土耳其人，都受到威尼斯的欢迎。这是画家加纳莱托（Canaletto）、提埃坡罗（Tiepolos）的威尼斯，是剧作家哥尔多尼（Goldoni）的威尼斯，是作曲家维瓦尔蒂（Vivaldi）的威尼斯，是一个活力四射、美丽非凡的城市。城市里遍布着咖啡馆（比如现在魅力非凡的佛罗里安咖啡馆），威尼斯贵族和英国贵族常在此小啜几口、浏览报纸。在这样的咖啡馆里，一杯咖啡的价格是一杯巧克力价格的三分之一，所以咖啡才是大多数人的首选。[26]

而受波旁王朝统治的那不勒斯则受西班牙影响较大，所以这里是巧克力的王国，咖啡只能退居二线。一位当时的英国信作家记载了于1771年2月9日发生在那不勒斯的一件事，故事发生在一个冰柠檬水小贩捅死了他15岁的弟弟后：

> 我们的女主人给这两个男孩的母亲送去了通心面汤和一罐巧克力，想安慰这个受伤的母亲……可是在英国，无论是通心面汤还是巧克力都无法安慰一个痛失爱子的母亲！[27]

美食中的巧克力：是意大利还是墨西哥的发明？

对阿兹特克来说，将巧克力用作烹饪中的一种调味料是不可想象的：就好比基督徒不可能用圣餐酒做酒闷仔鸡（*coqe au vin*）。在萨阿贡关于阿兹特克和巧克力的所有记载中，从未有过阿兹特克美食中使用巧克力的痕迹。但是现在的食评家和美食家认为有一道菜里含有巧克力——火鸡配普埃布拉混酱（*pavo in mole poblano*），且这道菜可以代表墨西哥的烹饪传统。

菜名中的 *pavo* 一词在墨西哥式西班牙语中是火鸡的意思，这是一种中美洲的家禽；*mole* 一词是克里奥尔化的纳瓦特语 *molli*（酱汁）；*poblano* 则是指这道菜和酱汁的发源地——普埃布拉。这座美丽的城市和其他墨西哥中部的城市不同，不是由阿兹特克人建立的，因此，无论食评家怎么说，这道菜自然也不是阿兹特克的传统菜肴。从这份正宗的食谱来看，这道菜肴充满了克里奥尔和西班牙的特色[28]：

火鸡配普埃布拉混酱

1 公斤［2 磅 3 盎司］辣椒碎

1.25 公斤［2 磅 12 盎司］墨西哥波布拉诺辣椒

0.5 公斤［1 磅］西红柿

1 茶匙黑胡椒

1 汤匙肉桂

3 个玉米饼

用于尝味的盐

500 克［1 磅 2 盎司］猪油

300 克［10 盎司］芝麻

1 只火鸡

0.75 公斤［1 磅 10 盎司］巴西拉辣椒

0.25 公斤［9 盎司］葡萄干

半瓣大蒜

1 汤匙茴香籽

1 茶匙丁香

1 片烤至金黄的面包

4 块用于尝味的巧克力糖

0.25 公斤［9 盎司］花生

在这 19 种配料中，有 10 种都来自于旧大陆（现在读者朋友们应该能分辨出哪
10 种了）。

关于普埃布拉混酱的发明过程，有三种大同小异的反对意见 [29]，但是均没
有当时的文献支撑，这三个版本可能都是 19 世纪才出现的。其中一个称，普
埃布拉的圣罗莎女修道院的女修士对于其主教曼努埃尔·费尔南德斯·代·桑
塔·克鲁兹及萨阿贡（1637—1699）的到访大为紧张，其中圣安德里亚负责制
作所有菜肴的酱汁，在她调制酱汁时，架子上的巧克力罐突然翻了下来，巧克
力也就落到正在煮酱汁的锅里。当时已来不及重新制作酱汁，普埃布拉混酱
由是诞生。第二个版本是索尔·玛丽亚·德·佩尔佩托·索科罗（Sor María
del Perpetuo Socorro）和其他修女有意将巧克力加入到酱汁中，作为对主教来
访的特别礼遇。在第三个版本中，即墨西哥食评家帕科·伊格纳西奥·泰伯一
世（Paco Ignacio Taibo I）《普埃布拉混酱概述》（Breviario del mole poblano）[30]
中采纳的版本：是亚松森修道院（离圣罗莎女修道院不远）的圣安德里亚有意
创造了这种酱汁，但不是为了主教，而是为了 17 世纪新西班牙总督塞尔达及
阿拉贡的托马斯·安东尼奥先生——帕雷德斯伯爵、拉古那侯爵。总督及其夫
人均为墨西哥伟大的诗人和巧克力爱好者圣索尔·安娜·伊涅斯·德拉克鲁斯
（Sor Juana Inez de la Cruz）的密友。

由此可见，墨西哥的克里奥尔人可能从 17 世纪晚期就开始食用含有巧克
力的菜肴，但是这一猜测并没有证据。而在意大利，最早含有可可的食谱（不
算含有可可的热饮食谱）可追溯到 1680 年和 1684 年之间，在 18 世纪则更为
常见。这种美食创新大受欢迎，因此到 1736 年，诗人弗朗西斯科·阿里西
（Francesco Arisi）在其诗作《巧克力》（Il Cioccolato）中表达了对滥用巧克力
的人的不满，受他批评的人包括：（1）将泡沫从杯顶吹开的愚蠢的人；（2）用
巧克力干杯的人；（3）在巧克力边缘加入白兰地的人；（4）为了闻闻巧克力的

味道而把自己鼻子弄脏的人；（5）与肉汤同饮的人；（6）将巧克力与咖啡或茶混合的人；（7）在巧克力中加入蛋黄的人；（8）在肉饼中加入巧克力或将巧克力混入面粉的厨师。他用这样诗意的语言抨击这些人：

> 一个厨师，
>
> 厨房里没了奶酪酪，
>
> 磨碎两块巧克力，
>
> 撒在美味的玉米粥上；
>
> 这种做法竟广受欢迎，
>
> 朋友们都来询问做法。
>
> 我也获邀，
>
> 在晚餐中品尝了这道酱汁，
>
> 毫不讳言，
>
> 我毫无食欲；
>
> 巧克力先是出现在蛋糕中，
>
> 后来又是牛轧糖，
>
> 我想有一天，
>
> 厨师烤鹌鹑时也会用上巧克力。[31]

诗中出现的这些厨师似乎应生活在意大利北部，他们不仅尝试在蛋糕和馅饼中加入巧克力，在意面和肉菜中也有尝试。一份 1786 年马切拉塔（Macerata）的手稿中提到了千层面配杏仁、凤尾鱼、胡桃和巧克力酱。[32] 这比如今广泛出现在学校食堂和机餐中的番茄酱听上去丰富许多。在一份 18 世纪晚期供给卢卡地方官的餐单中[33]，包括了巧克力通心粉（*pappardelle di cioccolate*）、巧克力、巧克力咖啡和冰蛋糕，还有一种巧克力芭菲（*semifreddo*）。阿尔卑斯山脚下的特伦托在 18 世纪出现了几本烹饪书，其中一本由牧师费里奇·里贝拉（Felici Libera）所著的书中记载了几种用到巧克力的食谱[34]，其中包括：

—将肝碎浸在巧克力中、裹上面粉，再浸入巧克力，然后油炸

—黑色玉米粥（加入巧克力面包屑、黄油、杏仁和肉桂）

—含有小牛肉、骨髓和罐装水果的巧克力布丁

—摩卡蛋奶冻

—*mosa di latte*，一种加入小麦粉、玉米粉和面包屑变稠的巧克力布丁

—两份巧克力奶油（*crema di cioccolate*）的食谱

—杏仁蛋糕，其面团经过巧克力染色，有绿色、红色和黄色

"巧克力汤"似乎在特伦托地区大受欢迎，里贝拉版的巧克力汤中有牛奶、糖、肉桂和一个蛋黄，煮熟后浇在吐司上。这道菜肴听上去和 18 世纪德国的"健康汤"很类似，因此我们怀疑这道菜肴源自德国。

　　冻甜品则是意大利南部的特色，他们可能在 17 世纪就已发明出这样的甜点，当时人们刚发现在雪或冰上撒大把的盐会发生什么。那不勒斯人 F. 文森佐·科拉多（F. Vincenzo Corrado）于 1794 年出版的详细的长文《巧克力和咖啡的制作》（*La Manovra della Cioccolate e del Caffè*）中就有巧克力冰冻果子露的详细做法。科拉多特别强调在这款冰冻果子露中只可使用加拉加斯和索科努斯科的可可，只有这两地生产的可可中可可脂足够丰富，可以抵挡住盐中的"硝酸盐"，这种物质可以钻入盛放待冻液体容器的小孔中；而硝酸盐也会吸收甜味、可可脂和香气。

巧克力冰冻果子露食谱（那不勒斯，1794）

　　将 2.5 磅［1 公斤］巧克力、1.5 磅［680 克］糖、4 磅［3.2 品脱或 1.5 升］水、0.5 盎司［14 克］香草粉同煮。等所有原料融为一体后，用细筛筛过混合液，再加热收汁（稠度要能裹住汤勺）。然后用勺子将混合液舀入容器，加入一片可可脂，待其冷却。最后将容器埋入雪中，撒上盐。

1714 年 8 月 28 日罗马的一场宴会上的甜品桌。

　　这可能就是奥地利大使乔万尼·瓦茨拉夫·加拉索（Giovanni Venceslao Galasso）于 1714 年 8 月 28 日在罗马举办的宴会上呈现的惊艳的洛可可式甜品桌所用到的美食制作技巧。当时乔万尼·瓦茨拉夫·加拉索是为了给神圣罗马帝国皇帝哈布斯堡的查理四世的妻子奥地利的伊丽莎白·克里斯蒂娜庆生（这对夫妇没有儿子或继承人，因此引发了欧洲长达几十年的王位继承战）。在甜品桌的一角，摆放着四只日本陶瓷贝壳，里面装着"冰冻水果"（将果饯与香水混合，再放入水果形的模型，用雪和盐冰冻；冻好后从模型中取出，再摆上枝条和叶子）。在这次宴会上，有一只用冰雕装饰的光洁雪白的瓶子，里面盛装着巧克力泡沫，插着绿叶枝条，上面结着 150 个"冰冻水果"。边桌上放着打发好的奶油、巧克力泡沫、饼干、冰激凌（*panna thiacciate*），以及奶酪形状的巧克力冰冻果子露（*formaggi ghiacciati*）。当时的罗马还没有空调，这些甜品是如何存放在 8 月的盛夏的呢？看来赴宴者不得不以迅雷不及掩耳之速消灭掉这些美食。

大革命之前的法国

马提尼克和其他安的列斯群岛均为法属，它们稳定地向母国供应可可，使其免受宿敌西班牙的限制。法国种植者奢侈逸乐的生活作风无疑也影响了法国备制、饮用和食用巧克力的方式。在医生兼植物学家约瑟夫·皮埃尔·布克豪斯（Joseph Pierre Buc'hoz，1731—1807）的重要著作《关于烟草、咖啡、可可和茶的论文》（*Dissertation sur le tabac, le café, le cacao et le thé*）[37]发表于法国大革命前夕，其中有关于法属安的列斯占据了很大篇幅。布克豪斯称，这些岛屿的居民会取一块纯可可进行研磨，再加入肉桂、糖和桔味的水，如是制作出精致芬芳的饮品。或者是在这样的饮品中再加入一只打好的鸡蛋，或用龙涎香代替桔味水。虽然岛上随处可见香草，但当地人从未将其用在巧克力中（当时全欧洲都认为香草是对身体有害的）。

根据布克豪斯的论文中提供的证据，就在美食中使用巧克力而言，法国比意大利要保守得多：法国可没有黑玉米粥或巧克力通心粉之类的东西。而法国人的聪明才智都用在了甜点上。我们能找到不同形状的巧克力饼干、巧克力馅饼、巧克力慕斯、巧克力蜜饯、巧克力软糖、巧克力奶油、巧克力可丽饼

（*crème veloutée*，冷热均有）、巧克力"橄榄果"（类似松露，但是用慢火烤成的）、甜杏仁（*dragées*）、小圆面片（*diablotin*）。但在巧克力冰激凌、巧克

巧克力"奶酪"或巧克力冰冻果子露的模型。

狄德罗和让·达朗贝尔的《百科全书》阐述了 18 世纪的巧克力制作过程。当时所用的技术与中美洲被殖民前所使用的技术无显著差异。

力模型冰激凌（*cannelloni*）和巧克力冻奶酪（奶酪模型中的冰冻果子露）中亦可见意大利的影响。后文我们会提及最伟大的巧克力信徒（常在监狱中度日）——萨德侯爵。

  在法国大革命中不幸被斩首的皇后玛丽·安托瓦内特被后世认定为一个喜奢侈享乐的人，但她实际并非如此。还是个小女孩时，她生活在维也纳的哈布斯堡宫廷，当时她就可以不时喝点巧克力：有一幅画描绘的就是她 5 岁时和妈妈玛丽亚·特蕾莎女王及其他家庭成员在一起用早餐，但是巧克力罐边只放了两只杯子，也许小孩子还不适合饮用如此刺激的饮品。我们无从得知作为法国皇后，她是否真如康庞女士关于皇后私生活回忆录中写的那样节俭克制："她十分节制。早餐时会搭配咖啡或巧克力，晚餐只吃些白肉配水，再喝一小口鸡翅汤，再就着水吃点小饼干。"[38] 至于传说中她向挨饿的人推荐的那种蛋糕，压根没在书中出现！

德尼·狄德罗（1718—1784）是法国著名的启蒙思想家，其所属学派认为理性和科学可以更好地塑造人类的价值观和社会，并将人类从宗教迷信和代代相传的盲目习俗中解放出来。关于这场有史以来规模最宏大的社会变革，人们对当时的著作及其所持的态度仍有争议，但是其中一部著作——狄德罗及让·达朗贝尔的伟大的《百科全书，或科学、艺术和工艺详解词典》却无疑有着传世价值和重大的历史意义。该著作由私人发行，从 1751 年至 1772 年分 28 卷发行，其目的不仅仅是用作参考书，还旨在"改变主流的思维方式"。其所载的科学如今可能已经过时，但是其中 11 卷中用插图记录的 18 世纪的技术，其价值无人能及。[39]

其中关于可可备制过程[40]的记载细节详尽，但也生动阐释了备制巧克力的技术从奥尔梅克、玛雅和阿兹特克时期至法国启蒙时期的甜品制造商并无显著的变化。书中的一幅雕刻画展现了工人在锅中烘焙；另一个工人在筛可可豆；还有一个在加热后的臼中将可可豆弄碎；还有一个在加热后的弧面磨石上研磨。蒙特祖玛的巧克力专家们肯定也都了解这些流程。狄德罗给出了糖果可可豆的食谱，我们已从其他文献得知这是源自马提尼克的发明创造。至于可可脂，人们将其用作润肤油，且可作药用于治疗痛风和各种溃疡，并作为腐蚀性毒药的解毒剂，还可以防止武器生锈；亦可用于可可饮品中。

狄德罗虽参与了启蒙运动，却相信我们前几章提及的古老的体液理论。他公开反对人们为了美味而加入巧克力的各种调料，如胡椒和生姜，他认为除了上火之外，这些原料毫无用处。和许多他的同代人一样，狄德罗也警示人们注意香草的使用："香草怡人的香味和美味让巧克力大受欢迎，但经验告诉我们，香草的热性是很强的，所以人们开始渐渐弃用香草，因为他们不愿为了口腹之欲而牺牲健康。"[41]另一方面，狄德罗也有现代的一面，比如他发明了我们所谓的"即食巧克力"的食谱，并评论道：

> 这种巧克力制作方法确实很方便，如果有人急着出门，或者有人在旅途中，无法将巧克力块泡入水中，他可以吃 1 盎司的巧克力块，再喝一口水，让胃来混合消化这种即食早餐。[42]

最后，狄德罗还评论了当时的巧克力壶：18 世纪上层阶级使用的巧克力壶已十分精美。[43] 这些壶的制作材料可能是银、镀锡铜（西班牙通常采用这种材质）、白象牙或陶土。狄德罗称陶土是最糟糕的材料，因为加热过慢，会让巧克力失去所有"优点"。银制或铜制的巧克力锅底部呈球形，方便用搅拌棒搅拌，

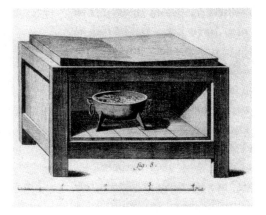

用于研磨巧克力的加热后的弧面磨石。

而最理想的形状是半圆锥形。锅盖需给搅拌棒预留位置，狄德罗笔下的搅拌棒是一根 S 形的硬木，垂直立在巧克力壶中，突出的部分正好与巧克力锅鼓出的部分吻合。目前的藏品中，有搅拌棒与巧克力壶同时出现的情况。

当时最伟大、最受欢迎的启蒙思想家——伏尔泰于日内瓦附近的费尔内（虽然依然在法国）的半自我逼近式的流放期间的家庭记录也得以流传至今。[44] 家庭记录显示，在流放的 18 年间，伏尔泰购买了 24 次巧克力、20 次咖啡和 8 次茶。虽然伏尔泰是个怀疑论者，也反对教会，但依然遵循旧制度（*ancieu régime*），相比其他热饮，更喜欢早上饮用巧克力（当然原料是奴隶发酵的可可）。

乔治王时代的英国：从咖啡馆到俱乐部

伏尔泰和当时许多启蒙思想家朋友一样，都是非常亲英的。在人权历史上，英国的君主立宪制、权力制衡及其相对的媒体和宗教自由都是欧洲其他国家难望其项背的，更不用提专制的法国。英国虽有阶级差异（尤其是我们所谓的"绅士"和其他人之间），但是世袭贵族只是少数，因为只有长子可以继承爵位，其他子女都只是平民；而且与法国不同，英国的贵族也必须缴税。[45] 贵

族和绅士可能在伦敦仍持有房产，但也只是为了与政治权力保持联系，其余大多时间是在乡村与佃农们一起度过。而在波旁王朝的法国，则是一幅迥然相异的图景，大量的贵族全年都会在凡尔赛宫与国王共舞。

　　在英国，贵族、绅士和中产阶级多在伦敦的咖啡馆和巧克力馆谈论政治和文化，后来才渐渐发展到俱乐部。这些地方从创立之初起，就常有某个国会党派光顾，逐渐成为他们的"虚拟"总部。其中历史最悠久的一家是圣詹姆斯街上的可可树巧克力馆，这里是詹姆斯二世党人（他们在詹姆斯二世退位后支持斯图亚特后人复辟）的聚会场所。1746 年，斯图亚特叛军在卡伦顿战役中被汉诺威派击败，他们转而成立了可可树俱乐部，成为托利党，乔纳森·斯威夫特和爱德华·吉本均为其成员。可可树与 18 世纪伦敦其他的俱乐部一样，因其座上宾而闻名：霍勒斯·沃波尔在 1780 给霍勒斯·曼的信中称，在一夜的豪赌中，便有 18 万英镑易手。

诺埃尔·勒·米勒（Noël Le Mire，1724—1830）的版画《恐惧》（*La Crainte*）。画中的年轻女子探身去取巧克力银壶，壶里放着搅拌棒。

截至目前，伦敦最有名的俱乐部当属历史长达三百多年的怀特俱乐部。怀特俱乐部成立于1693年，前身为怀特巧克力馆，位于圣詹姆斯街街尾。创始人为意大利人弗朗西斯·怀特（Francis White，可能是意大利语名 Francesco Bianco 英化后的拼法），很快就因其活跃的政治氛围和大额赌注而闻名。[46]1709年，理查德·斯蒂尔在《闲话报》（*The Tatler*）上以"Isaac Bickerstaff"的笔名写道：

> 所有的风流韵事和闲情逸致均发生在怀特巧克力馆，紧随其后的是威尔咖啡馆。人们聚集在希腊式咖啡馆探讨学术问题（这里是学者和牛津的教授们常光顾之处）；要想听国内外的新闻，就得去圣詹姆斯咖啡馆（这里强烈偏向辉格党）。至于其他事务，可以来我自己的公寓。[47]

托马斯·罗兰森（Thomas Rowlandson）1787年的水彩画作品，其中可见巧克力壶和巧克力杯。

在亚历山大·蒲柏（Alexander Pope）于 1728 年出版的《愚人记》（*Dunciad*）一书中，将怀特巧克力馆描绘成能"教会年轻人说脏话，却让贵族获得智慧"的地方。乔纳森·斯威夫特每次经过怀特巧克力馆时，都要扬拳表示自己的愤怒，因为他从一个记者处听说，年轻的贵族可能在这里的"地狱"赌坊"受赌徒欺骗，亦受享乐者影响开始纵情声色"[48]。到了 18 世纪中叶，怀特巧克力馆组建起一个内部俱乐部，只有认证客人方可进入，而赌注则下得更大了。《行家》（*The Connoisseur*）杂志在 1754 年报道怀特俱乐部时称："不管事情有多微不足道或是荒诞不经，怀特俱乐部都可以对其下注。"据称，某天下雨，阿灵顿公爵下注 3000 英镑，赌两滴雨滴中哪一滴会滚落到窗玻璃底部。[49] 到了 1750 年，沃波尔曾在报纸上写过一篇报道，称一位男子倒在怀特俱尔部门前，刚被人抬上楼，会员们就开始下注，赌他是否还活着。[50]

除却这些娱乐活动外，怀特俱乐部和其他俱乐部一样，也是政客会面议事的场所。起初虽偏向辉格党，到 18 世纪末却倒向托利党的阵营。从罗伯特·沃波尔到罗伯特·皮尔，历任英国首相均是其会员。此外，3 位英国君主（乔治四世、威廉四世、爱德华七世）、惠灵顿公爵、霍勒斯·沃波尔、蔡斯菲尔德伯爵和鲍·博朗梅尔亦是其会员。几十年前，从怀特俱乐部著名的弓形窗望出去，便可见作家伊夫林·沃和格雷厄姆·格林。直至今日，怀特俱乐部的 1350 名会员中，仍有 30 位伯爵、11 位侯爵和 6 位公爵。

然而，18 世纪爱光顾巧克力馆和咖啡馆的也不全然是政客和赌徒，1711 年的《旁观者》（*The Spectaror*）杂志第 54 期就有相关报道。其中，编辑称收到剑桥大学一位通讯员的信，通讯员报道了一个名为 *Lowngers* 的"哲学家协会"，协会会员终日无所事事。编辑便请通讯员在伦敦询问一些会员协会的具体情况。

> ……*Lowngers* 的成员感到无上的荣耀，然而他们从未亲眼见过任何一所大学。为了完成此书，我派通讯员前往调查，去了解这些一生从未做过任何事的人的名字和故事。并了解他们是如何穿梭在各个咖啡馆和巧克力馆之间，忍受无所事事的无聊烦闷的。[51]

奇怪的是，巧克力馆和咖啡馆似乎从未能穿越大西洋，传入英国在北美的殖民地。威廉·拜尔德二世（William Byrd Ⅱ，1674—1744）是弗吉尼亚州的殖民主，在詹姆斯河沿岸拥有大片的庄园，还建立了里士满市。他不仅自己写日记，也是一位讽刺作家。拜尔德本可以将巧克力馆和咖啡馆的理念带入北美，可他却并没有这么做。威廉·拜尔德二世于 1713 年至 1719 年在英国（其中部分时间担任殖民地代表）期间，在日记中记载无时无刻不间断地饮用巧克力。他主要光顾威尔巧克力馆、圣詹姆斯巧克力馆和奥金达（Ozinda's）巧克力馆，但也在战场上喝过一次巧克力。可等他回到弗吉尼亚（1720 年 1 月至 1721 年 5 月），日记中却再未提及巧克力馆或咖啡馆，不过他常在用早餐时配巧克力，或在朋友家饮用。我们在学校中都已学过，英国的议会民主并未传入殖民地，因此美国人也从未接触过在威尔咖啡馆和怀特巧克力馆等场所日常发生的英国政客间的妥协和政治交易。殖民地的富裕阶层虽也饮用巧克力，却只在家中饮用。

工业革命之初的巧克力

狄德罗《百科全书》中的雕刻画已清晰地表明，从阿兹特克时期至今，巧克力的基本技术进展甚微。此时虽多个国家已建立了巧克力"工厂"，可以大规模地生产巧克力，且生产以供冲泡饮用的巧克力片为主，但这些仍主要依赖手工劳作。比如在德国，石狗（steinhund）巧克力工厂于 1765 年建立；到了 1728 年，布里斯托的弗赖伊家族（Fry and Sons）巧克力工厂已经开始生产销往英国市场的巧克力。

关于巧克力工厂使用机器生产的文献记载最早不是出现在欧洲，而是在美洲殖民地。18 世纪中叶，马萨诸塞州的航海船长从热带将可可豆运回并贩卖，因为当时在新英格兰已有一批人开始饮用巧克力（波士顿的药剂师自 1712 年起就开始做巧克力的广告）。1765 年，马萨诸塞州多尔切斯特的詹姆斯·贝克（James Baker）医生与刚从爱尔兰来的巧克力生产商约翰·哈农（John

Hannon）联手：贝克负责出资，在弥尔顿下瀑布租了一块地用来放置磨粉机，而哈农则负责利用水力研磨可可豆。1772 年，他们打出了"哈农最佳巧克力"的品牌，并开始宣传他们蛋粒形的巧克力。1799 年，哈农出海时失踪，他们俩合作的项目就成了贝克公司。1820 年，詹姆斯·贝克的孙子沃特·贝克接手，成立沃特·贝克公司，并逐渐发展壮大。[53]

说回法国，1776 年（即《百科全书》最后一卷面世后的第五年），一位叫 M. 多雷（M. Doret）的人发明了用于研磨巧克力和制作巧克力糊的水力驱动机。多雷的发明经医学院同意后，获得授权，将自己的巧克力工厂命名为"皇家巧克力"（*Chocolatérie Royale*）。[54] 虽然瓦特的蒸汽机要等到 19 世纪初才面世，但欧洲各国已开始争先效仿多雷的水力驱动机。当时在落后的西班牙，人们还是人工抬着重石，挨家挨户地上门用弧面磨石研磨巧克力。但英国旅行者约瑟夫·汤森（Joseph Townsend）在 1786 年至 1787 年却发现在西班牙的大型市场，也开始用机器研磨巧克力。[55] 西班牙使用的巧克力研磨机由带轴的五个光面钢滚轮嵌入一个框架，该框架类似一个大轮盘的轮辐。再将这五个滚轮置于两个大磨石之间，起动力由下面的钝齿轮提供，而非靠驴子拉动。

但这一发明还算不上工业革命。工业革命中伟大的技术和社会变革给世界面貌带来的改变，比法国大革命更加深刻。但工业革命首现于纺织业，其对于可可和巧克力产生的全面影响请见下一章节。

时代的终结："神圣侯爵和巧克力"

1789 年 7 月 2 日，一个怪人在巴士底狱（本是一座中世纪的城堡，后用作监狱）的牢房里，用小便壶充当临时扩音器，向圣安托万街聚集的工人阶级发出呐喊。这个怪人就是唐纳蒂安·阿尔丰斯·弗朗索瓦，即萨德侯爵。[56] 他激烈的长篇演说的要点即是巴士底狱的守卫下令割喉杀害所有罪犯（共七人），他希望人群能记住"这一可怕的时刻"。守卫抓住了萨德，将他转移至沙朗通勒蓬的一家精神病院；但是巴黎的民众却在他的鼓舞下，于 7 月 14 日冲进巴士底狱，并将其摧毁。巴士底狱虽无任何战略意义，却有着很强的象征性作用，摧毁巴士底狱就象征着法国大革命的开端。

　　萨德于 1740 年出生在巴黎一个历史悠久的贵族家庭。在他迎娶瑞内·德·孟特瑞尔（Renée de Montreuil）后不久，就因"放荡罪"在万塞讷的地牢中被关押了 15 天。萨德的一生中一共有 30 年在监狱中度过，备受折磨。他在拿破仑执政期间被正式判刑，后于 1814 年在沙朗通勒蓬的一家精神病院去世。萨德的小说不顾当时社会对性和残暴的道德限制，因而激怒了多方的从政者，最后也不得不自食其果。他的名字也成了性虐恋的另一个称呼。但是传记作家和文学

19 世纪中期法国道德派画家的雕刻画中的萨德侯爵，他是巧克力的狂热爱好者。

评论家现在基本认同，"神圣侯爵"（Divine Marquis，他的现代崇拜者如是称呼他）不是施暴者，反而是受虐者，而他被指控的暴行大多也是出自他文学作品中的想象。

　　关于萨德最有名的事件发生在 1772 年的马塞，故事中也涉及萨德侯爵挚爱的巧克力。作家路易斯·珀蒂特·德·巴恰蒙特（Louis Petit de Bachaumont）在他的《文学共和国秘密回忆录》（*Secret Memoirs for the History of the Republic of Letters*）中，记载了这样一则丑闻：

　　　　有朋友从马塞写信说萨德侯爵……举办了一场舞会……甜品中包括一款美味的巧克力馅饼，客人们纷纷开始大快朵颐。基本每个人都尝了点，

但是萨德在这款甜点里加了斑蝥，这一原料的药性广为人知*。斑蝥药性很强，客人们燥热难耐，暗流涌动。这场舞会最终变成罗马式的纵情狂欢。即使是平日非常端庄的夫人们也无法抑制体内的欲火。萨德侯爵也在舞会上与小姨子享受了鱼水之欢，又和她一起逃跑。有几个客人因荒淫过度而丧命，其他人也病得不轻。[57]

现在萨德的研究者相信，这个故事大多是由萨德的敌人杜撰的：萨德的客人大多是妓女从良，所用的药剂也不是正规的斑蝥，而甜品也是茴香糖而非巧克力馅饼。

230 　　无论事实如何，萨德和他的男仆（一个莱波雷洛式的人）不得不逃往撒丁王国，可惜撒丁国王迅速地逮捕了他们。从关押他们的城堡逃生后，他们又在不在场的情况下被艾克斯国会判处死刑，并要求当众处死。

萨德的传记作家莫里斯·莱弗（Maurice Lever）写道：

> 萨德侯爵的味蕾一尝到馅饼和甜点就会兴奋起来，他能狼吞虎咽地吃下大量甜品……他无法抵挡巧克力的诱惑，而且什么样的巧克力都喜欢：无论是巧克力奶油、巧克力蛋糕、巧克力冰激凌还是巧克力棒。[58]

不管他身处哪个监狱，他都会写信给忠心耿耿而又饱受苦难的妻子，请她寄书籍、衣物和食品来。他请妻子寄来的物品清单如下：[59]

> 几盒巧克力碎和穆哈咖啡
> 可可脂栓剂［用于治疗痔疮的马提尼克药方］
> **巧克力奶油**［这一物品经常在清单中出现］
> 几盒重半磅的巧克力馅饼［多来几盒］
> 巧克力大饼干

---

* 斑蝥是欧洲著名的春药。——译者注

巧克力香草馅饼［可能只是外面裹了一层巧克力］

普通巧克力棒

萨德经常索要巧克力蛋糕。他于 1779 年 5 月 9 日在万塞讷监狱写给妻子的信中提到：“我想要一只带糖衣的蛋糕，我希望是巧克力糖衣，里面也要有黑乎乎的巧克力，因为魔鬼的屁股也被烟熏黑了。”[60] 吃这么多甜品，侯爵在监狱里发福也就不足为奇了。可他依然坚持小说创作，写那些反叛的小说，一直坚持到生命最后一刻。而萨德夫人临终前是在修道院生活的。

　　萨德侯爵经历了整个法国大革命，眼看着非理性战胜了理性，看着罗伯斯庇尔的恐怖统治屠杀了余下的哲学家和几千其他专家，这一惨象比他作品中的任何内容都恐怖。讽刺的是，萨德曾差点因为他的温和主张被送上断头台（他反对死刑，并认为英国式的君主立宪制是最理想的施政形式）。他虽与岳父母为敌，因信奉旧制度的他们也是他入狱的原因之一，却依然救了岳父母，使他们免受大革命的屠刀。“神圣侯爵”是非凡的巧克力大咖，作为我们讲述 18 世纪历史的结尾，既是一个悲剧人物，却也值得我们同情。接下来，我们将进入现代。

231

第八章　大众的巧克力

最后两英里的山路艰难和吓人，我说："贾菲，现在有一样东西，是我比世界上任何东西都更想得到的。"寒冷的风吹着，我们的背驼着，在看来没有尽头的山径上匆匆赶路。

"什么东西？"

"一块大块的好时巧克力棒，不然小块的也可以。现在只有一块好时的巧克力棒拯救得了我的灵魂。"

"一块好时的巧克力棒？原来那就是你的佛教？换成香草蛋卷冰激凌怎样？"

"太冷了。此时此刻，我需要的、向往的、祈求的、渴盼的，就是一块好时的巧克力棒……里面夹着花生的。"我们都累毙了，像两个玩了一整天、拖着疲惫脚步回家的小孩一样，边走边谈些有的没有的。我反复念着我对好时巧克力棒的渴望。那是我的由衷之言。我真的需要补充能量。我有点点头昏昏的，需要糖分。不过，在冷飕飕的风中想着巧克力和花生在嘴巴里融化的滋味，反而让人加倍难熬。

杰克·凯鲁亚克，《达摩流浪者》（1958）

2800 多年来，巧克力一直是精英和富裕阶层的专利。但到了 20 世纪中期，当垮掉的一代的代表人物凯鲁亚克在加利福尼亚爬山时，巧克力就已经做成了固体食物，且普通阶层也人人可以享用。在这次剧变中，法国大革命（及拿破仑）和工业革命功不可没。其中，法国大革命终结了天主教欧洲教会和贵族的统治地位。两次革命终于将昂贵的巧克力饮品变成一种廉价的食物。除此之外，茶和咖啡的挑战也促使巧克力不断降价。其中，随着大英帝国皇冠上的两颗明珠——印度和锡兰（斯里兰卡）大型茶园的建立，19世纪的茶叶价格也急剧下降。

将巧克力由液体转化为固体的伟大技术突破当时还仅局限在新教国家及北欧和中欧的资本主义国家；前几个世纪曾在巧克力史上引领风骚的地中海天主教国家此时却没能跟上创新的步伐，因而大大落后了。在南欧一些相互隔绝的小地方，制作巧克力的古老方法得以留存。一直到19世纪70年代，法国南部的巧克力制作者和药剂师依然用阿兹特克式的弧面磨石研磨巧克力。这些人大多是西班牙和葡萄牙的犹太人，他们手艺精湛，带着石磨走街串巷。[1] 1920年的一本法国杂志上就描写了西班牙幸存的巧克力弧面磨石：

> 我曾见过加泰罗尼亚地区的巧克力制作者（现在巴塞罗那还有四五个用石磨研磨巧克力的工厂或作坊），他们在大众面前跪在一小块坐垫上。他们在夹层中劳作，空间狭小得都站不直身子。这种工作方式是为了让买家能看到他们买的巧克力真的是用石磨研磨而成的，而研磨的过程中很难加入添加剂，否则制作的过程还会更加复杂。[2]

一直到1989年的意大利，热内亚的巧克力和甜品厂还在使用石磨来研磨可可。[3] 这些手工艺人当时是（可能现在还是）这种地中海传统的最后继承人。

还有一个重要史实是19世纪，盖伦的体液和性情理论逐步被现代医学取代。1862年，一位研究可可和巧克力的法国作家可以确认，当时再也没有人相信巧克力拥有某种疗效。[4] 将巧克力从这种医学联系中解脱出来后，任何人都可随时随地食用巧克力，形式不拘（关于肥胖、过敏、蛀牙等的担忧是我们这一代才出现的）。人们再也不用担忧巧克力或其调味料是"热性"、"寒性"

或"温性","干性"还是"湿性"。

伴随着这些改变，巧克力的人均消耗量激增，而在此之前其消耗量一直是稳定的。 与此同时，糖的消耗量也急剧增加，因为这种新式的固体巧克力主要用于制作甜品。意大利的美食家创造性地将巧克力汇入意面和主菜，和19、20 世纪的意大利菜已是大相径庭。糖果业大行其道，巧克力工业巨头在荷兰、英国、瑞士甚至美国应运而生。萨德侯爵对甜品的酷爱，无论是巧克力糖、巧克力蛋糕或是巧克力冰激凌，都准确地预示了巧克力的未来。

与过去的决裂：梵·豪登的发明

1828 年标志着现代巧克力制作生产史的开端。就是在这一年，科恩拉德·约翰内斯·梵·豪登，一位荷兰的化学家，申请了新型巧克力粉加工流程的专利，这种加工方法使得巧克力中的脂肪含量很低。早在 1815 年，他就在其父位于阿姆斯特丹的工厂中探寻一种优于煮沸并撇去浮沫的方法，以除去巧

图为 1828 年阿姆斯特丹梵·豪登工厂中的早期可可研磨机。要从可可粒中萃出可可脂，依然得依赖手工劳动。

克力中的大部分可可脂。[5] 他最终开发出一种非常高效的液压法。未经处理的巧克力"原液"（即研磨后的产物）含有约 53% 的可可脂，而梵·豪登的液压机可将可可脂的比例减少至百分之 27%—28%，最后剩下一块压缩后的可可，再磨成细粉。这就是我们所知的"可可"（cocoa）。为了能让可可粉与水充分融合，梵·豪登会用碱性的盐（碳酸钾或碳酸钠）处理可可粉。而这种我们所谓的"荷兰制法"，提高的只是可可与热水的易混性，而不是我们通常认为的可溶性，此外还能使可可的颜色更黑，口味更柔和。直至今天，依然有人因认为"荷兰"巧克力口味更浓郁而对之青睐有加，而其实只是其深色让人误以为"荷兰"巧克力味道更浓重而已。

235

无论如何，1828 年，古老的巧克力饮品逐步被取代，原先厚重多泡的饮品变成了方便冲调也更易于消化的可可。正是由于梵·豪登发明了去脂、碱化的过程，大众才得以享用大规模生产出的廉价粉状和固体巧克力。

贵格会的资本家

英国工业革命期间最成功的企业家中，有一些是教友派（贵格会）成员。[6] 约瑟夫·弗赖伊家族（Joseph Fry & Son）的故事就是一个明证。18 世纪中叶，威尔特郡的贵格派成员约瑟夫·弗赖伊博士在布里斯托定居，开始大规模行医。但他很快又弃医从商，并创建了布里斯托的伟大巧克力生产企业。自约瑟夫·弗赖伊博士于 1787 年去世后，其遗孀和儿子约瑟夫·斯托尔斯·弗赖伊（Joseph Storrs Fry，1767—1835）继承了其产业。下文中将会提到，在 18 世纪下半叶将引擎用于研磨可可豆，巧克力制造业才算迈入工业化时代。

236

241

在梵·豪登的突破后，弗赖伊企业（甚至可以称之为弗赖伊王朝）已准备好向更高的领域迈进。在创始人约瑟夫·弗赖伊博士的孙子弗朗西斯·弗赖伊（1803—1886）及曾孙约瑟夫·斯托尔斯·弗赖伊（1826—1913）的领导下，弗赖伊公司终于实现了这一宏图伟业。1847 年，弗赖伊公司发现了用融化的可可脂（这自然是去脂过程的副产品）代替热水将可可粉和糖混合的方法，从而成为一个里程碑。因为用融化的可可脂制作出来的巧克力浆更稀薄，黏性更低，因此更容易倒进模具中。他们称这样制作而成的巧克力为"Chocolat Délicieux à manger"（意即"用于食用的美味巧克力"，当时带有法文名称的食品似乎高人一等），并于1849年在伯明翰展出。除了18世纪法国生产的又干又硬、无法入模的巧克力豆和巧克力块之外，这是世界上第一种真正可食用的巧克力。由于人们对这种新型甜品趋之若鹜，可可脂的价格也水涨船高，大众

弗赖伊家族牛奶巧克力的广告。当时弗赖伊家族是皇家海军的唯一巧克力供应商。

也只能消费得起可可粉，而当时的固体巧克力依然只是精英的专利。但随着批量生产和节省成本的生产方法的出现（尤其是在美国），这一现象也将改变。

到了维多利亚时代的后半期，弗赖伊家族已成为世界上最大的巧克力制造商，其中部分原因是他们成了皇家海军巧克力和可可的独家供应商并让皇家海军慢慢脱离了对烈性酒的依赖。但该公司一直在与其最大的竞争对手吉百利针锋相对。吉百利由另一位贵格会成员约翰·吉百利（John Cadbury，1801—1889）创立 。1824 年，吉百利在伯明翰开了一家咖啡茶馆，也出售传统的巧克力饮品。很快，吉百利家族就开始了巧克力事业的扩张。他们于 1853 年突然出击，成为维多利亚女王的皇家巧克力供应商。1866 年，吉百利迎来了最辉煌的商业成就。约翰·吉百利的儿子乔治（1839—1922）赴阿姆斯特丹出差，带回了一个梵·豪登的机器模型。同年，吉百利推出了自己的可可粉，商标为"吉百利的可可精华"，并一炮打响。[7] 弗赖伊家族也不甘示弱地推出了自己的"可可提取物"。两年后，理查德·吉百利推出了第一份"巧克力礼盒"，里面装着巧克力糖果，包装上画着她的女儿杰西卡抱着一只猫咪的画像（萨德肯定很厌恶这种维多利亚式的多愁善感，但这一画像确实能让销量大涨）；他还发明了一个情人节甜品礼盒[8]，是 Baci Perugina（意大利语的意思为"亲吻"）礼盒的前身。Baci Perugina 礼盒是由意大利的比托尼家族于 1922 年推出的，为了庆祝浪漫的爱情。

现在，巧克力糖果已成为英国、欧洲大陆和美国（详见下文）的巨大产业。许多糖果制造商都开始生产自己的巧克力，并用液体状的巧克力粉制作甜品的糖衣。可可粉作为调味料也在其他甜品中广泛使用，如蛋糕、冰激凌和饼干等。

当然，弗赖伊家族、吉百利家族和罗特里家族（也代表了一个巧克力生产王朝）等企业家族作为贵格会成员与其他维多利亚时代唯利是图的从业者相比，更有社会良知。在伯明翰近郊的伯恩村建厂的吉百利家族就建立了一个微型小镇，为工人提供充足的住宿空间、客厅和阅览室。吉百利家族禁止啤酒或酒精含量更高的食品，因为他们鄙夷酒精，所以伯恩村是看不到酒吧的。直到 2010 年吉百利被美国食品巨头卡夫收购，在吉百利的领域上仍奉行工业家长制度：打算结婚的雇员依然能收到公司送出的一本圣经和一支康乃馨。[9] 约瑟夫·罗特里在约克的近郊也建立了一个类似的模范工厂镇，而弗赖伊家族则留在了布里斯托市中心。弗赖伊家族深受窘迫的工作环境和步步紧逼的奴隶制的困扰。后来，葡萄牙占领的西非可可庄园中奴隶制盛行，弗赖伊家族在情况有所好转前一直抵制那里生产的可可。

为纯净的巧克力而战

维多利亚时代大部分时期食物掺假的记录骇人听闻，连城市贫困阶层赖以生存的面包和茶也未能幸免。这一现象在欧洲大陆和北美也同样猖獗，直到《纯净食物和药品法》通过后，其中大部分行为方可被判定为非法。

由于巧克力的需求不断上涨，自然成了许多国家毫无道德底线的生产商和贸易商的目标。比如 1815 年君主复辟后，法国商人在可可粉中掺入干豆粉、米粉或扁豆粉和土豆粉（这是那些不法之徒最爱用的原料）。1846 年，费城的一本杂志上发表了一篇法语论文的译本，作者愤慨地指出在巧克力中掺入土豆淀粉的现象，并介绍了鉴别方法（比如用碘酒鉴别），随后又探讨了一种更恶劣的添加剂：夸大巧克力的药用价值的做法仍未绝迹！

> 含铁的巧克力对健康紊乱或贫血的女性大有助益，只要在巧克力糊中加入粉状的氧化铁或碳酸铁即可。要想在家中享用含铁的巧克力，最简单也是最通用的办法就是高档的巧克力融化在含铁的水中，而不是用普通的水来冲调巧克力。[10]

1875 年，又一位法国作家撰文讨伐两种法国常见的巧克力掺假做法。[11] 其中第一种做法是将昂贵的可可脂完全提取出来并重新出售，然后用橄榄油、甜杏仁油、蛋黄、牛板油或羊板油代替可可脂，这样做出来的产品很快就会散发出陈腐的气味。第二种做法是加入其他食物，如随处可见的土豆淀粉、面粉或大麦粉、可可豆壳屑、树胶、糊精，甚至砖屑。

而在大西洋彼岸，一位"波士顿女士"于1872年出版了一本精美的《甜品书》。其中关于可可及其历史的章节信息量丰富，但她对巧克力的了解还局限于作为饮品的用途，所以没能给出很多以巧克力为原料的甜品食谱，也没有提及"荷兰式"的巧克力。但是她关于《巧克力该当如何》一节值得一提：

　　　　很多人认为，优质的巧克力在备制的过程中会越来越稠，然而这一观点是错误的，因为巧克力变稠仅仅是因为有粉末的存在。如果掰开巧克力，里面的颗粒是粗糙的；如果巧克力在口中融化时没能留下清爽的口感；如果加入热水后巧克力变得又厚又黏，冷却后又变成黏糊糊的一坨，就说明其中掺入了淀粉或其他类似物质。[12]

还有一种方法可以鉴别淀粉：将巧克力在开水中化开，冷却后加入几滴碘酒。如果巧克力中含有淀粉，则水会变成蓝色。"波士顿女士"还提到了其他掺假物，比如"泥土类的物质或其他物质"，如红赭土或黄赭土、红丹和朱砂（后两者是有毒的）。如果巧克力带有奶酪的味道，就说明可可脂提取后又注入了动物脂肪。最后，她还告诫读者，应选择新鲜的巧克力，即最多不超过三四个月。

　　最终，政府终于有所行动。1850年，英国医学杂志《柳叶刀》称要建立一个食品分析委员会。[13] 正证明对巧克力的怀疑并非空穴来风：70个样品中有39个都被检测出有砖屑中的红赭土。且样品中大多数都含有土豆或两种热带植物（大甘蔗和竹芋粉）的淀粉。而法国对巧克力的检测结果也大同小异。这一调查结果促使英国于1860年和1872年先后订立了《食品和药品法令》及《食品掺假法令》。

　　吉百利也被卷入这场丑闻，连乔治·吉百利也承认在其产品中掺入了淀粉和面粉。但他们很快开始在广告中反击，称自己的产品是唯一纯净的巧克力。而弗赖伊则坐上了被告席，从而节节败退。与此同时，吉百利建议在巧克力包装上注明各原料的准确百分比。[14] "绝对纯净，无与伦比"因而成了吉百利逆势出击的口号。到了1897年，即维多利亚女王钻石婚时，吉百利已在销量上

245

超越弗赖伊家族，而昔日的霸主从此一蹶不振。

虽然茶成了国饮，英国人的可可消耗量还是不小。和佩皮斯当时啜饮的又厚又苦的饮品相比，可可已成为一种稀薄、味淡的饮品（其中 70% 的成分是糖）。由于可可已变得非常稀薄，1914 年 G. K. 切斯特顿对这种流行的饮品的评论中偏见颇深：

> 茶虽来自东方，
> 至少像个绅士；
> 可可却下流又懦弱，
> 像个粗俗的野兽，
> 呆滞又滑头，
> 像个卑躬屈膝的下流小丑，
> 如果有哪个傻瓜愿意
> 我们将感激不尽。[15]

瑞士：奶牛和巧克力的乐土

在我们很多人的观念里，"瑞士"和"巧克力"这两个词是密不可分的。20 世纪末以来，瑞士一直在巧克力的世界中称王称霸，现在瑞士人也是世界上巧克力消耗量最高的人群（1990—1991 年，瑞士年人均巧克力消耗量为 5.09 公斤或 11 磅，与美国人均的 2.24 公斤或 5 磅相比，这一数据非常惊人）。[16]

瑞士风景如画，壮美的阿尔卑斯草原上奶牛在悠闲地吃着草，而正是这些牛成就了瑞士在巧克力制造和销售业中后来居上，傲视群雄。

瑞士巧克力的故事要从弗朗科斯·路易斯·凯雅（Francois-Louis Cailler，1792—1852）说起，他在意大利图灵的口福莱公司学会了巧克力的制作方法。1819 年，凯雅在日内瓦湖畔沃韦附近的科尔西耶创建了第一家巧克力工厂，当时采用的是他自己发明的机器。[17] 第二个重要人物是菲利普·苏查德（Philippe Suchard，1797—1874）。苏查德在 12 岁时就曾去过纳沙泰尔的药店为生病的母亲购买 1 磅巧克力用来治病。他发现 1 磅巧克力要 6 法郎，也就是一个女性工作 3 天的薪水，于是他决定自己尝试制作巧克力。到了 1826 年，苏查德（这个姓至今在巧克力业中还是响当当的）开始制作巧克力，他用的也是自己发明的机器，其中就有世界上第一台 *mélangeur*（即搅拌机）。

要谈到巧克力史上的下一次革命，我们就得先回过头去聊聊那些温和的奶牛。据我们所知，第一个将牛奶和巧克力相混的人是英国的尼古拉斯·桑德斯（Nicholas Sonders）。[18] 1727 年，他为汉斯·斯隆爵士（当时是乔治二世的外科主治医生，但更为人们所知的身份是大英博物馆的创始人，伦敦也有街道和广场以他的名字命名）调制了一杯牛奶加巧克力。这杯饮品不同于我们今天所谓的"牛奶巧克力"，但确是一杯由可可饮料与热牛奶相混的饮品。

后来由两个人合作发明了真正的牛奶巧克力。其中一个是亨利·雀巢（1814—1890），他是一名瑞士的化学家，并于 1867 年发现了用蒸汽制作奶粉的方法；奶粉制成后，与水混合，就可给婴幼儿食用。这项发明后来收益颇丰，他的公司也逐步发展成为现在世界最大的食品公司。另一个人是丹尼尔·彼得（1836—1919），他祖籍阿尔萨摩，是一个瑞士的巧克力生产商。他想出了一个绝妙的点子：将雀巢的奶粉用于制作新型巧克力，到了 1879 年，他生产出第一块牛奶巧克力棒。牛奶巧克力制作过程的基础部分很简单：吸出混合物的湿气，并用可可脂替代，这样就能把液体注入模具。

瑞士在 1879 年大放异彩：这一年鲁道夫·莲（Rudolphe Lindt, 1855—1909）发明了"巧克力搅拌揉捏法"

这幅 20 世纪 30 年代的广告画中描绘的是牛奶巧克力，这是 1879 年瑞士的发明。F. L. 凯雅于 1819 年创办了瑞士第一家巧克力工厂。

（conching），大大提高了巧克力糖果的质量。莲的机器叫 *conche*，源自拉丁语，可能与机器的贝壳型有关。[19] 传统的巧克力搅拌揉捏机的主要部件是一个尾部呈曲线形的开岗岩平板，平板上是沉重的花岗岩滚轮，连接着前后运动的结实的钢臂。钢臂拍打着曲线形的尾部，让巧克力液从滚轮后面飞溅入机器的主体。这一过程通过摩擦生热，做出巧克力团，这样可能会省略原始的烤制可可豆的过程。在经过 72 个小时的打击处理后，巧克力团的物质颗粒越来越小，终于变得味道甜美、口感顺滑。在莲发明这一机器之前，用于食用的巧克力大多是粗糙、有颗粒感的，而在此之后的巧克力则变得柔软醇厚，难怪莲也被称之为"方旦"（fonelant），因为方旦是用柔顺的糖奶油制成的。大西洋两岸的消费者都爱上了方旦巧克力，巧克力搅拌揉捏机也成了业界标配。

　　由于这些发明，瑞士登上了巧克力糖果产业的技术和金融之巅，当然其他糖果产业也不甘示弱。例如 1899 年，让·托布勒（Jean Tobler）开始推广他著名的三角巧克力（"toblerone"）。这种糖果呈三角形，在巧克力的外壳内注

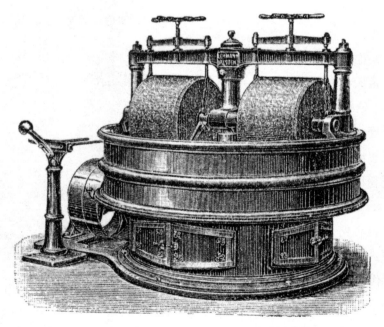

德雷斯顿的莱曼在世纪之交生产的搅拌机。这台机器用蒸汽或水加热，花岗岩滚轮在石台上辗压，将可可糊、干糖和调料混合成半液态的粗巧克力。

入了杏仁和蜂蜜，从此长盛不衰。1970 年，他的公司与苏查德合并。人们终于发现，用于制作高品质甜品外壳的巧克力液体中的可可脂会结晶，导致甜品的外壳变得斑斑点点，颜色也不可人。后来，人们发明了变温法，从而解决了这一问题：先升高巧克力团的温度，然后再缓缓降低，从而破坏脂肪的结晶结构。由于高品质的巧克力可可脂含量很高，目前其生产过程依然需要调节温度的步骤（本章下文中将会详述）。

弥尔顿·好时及"美味传统的好时巧克力棒"

从瑞士的城镇到宾夕法尼亚东南部的山丘路途遥远。但正是在这个传统的"宾夕法尼亚式的荷兰"国家里，诞生了一个足以与欧洲的竞争者（无论是瑞士的加尔文教徒还是英国的贵格教会教徒）抗衡的巧克力产业。好时镇（人口约 12000）就坐落在这些郁郁葱葱的山丘之间，其主干道名为"巧克力和可可

弥尔顿·S. 好时是美国巧克力业的亨利·福特。他在宾夕法尼亚建立的好时模范工厂镇的规模是乔治·吉百利望尘莫及的。

路"，几条支路均取名自好时可可豆进口的港口：加拉加斯、格拉纳达、阿鲁马、特里尼达、爪哇、帕拉州（para）和锡兰。

密尔顿·史内夫里·好时（1857—1945）的称号"巧克力生产界的亨利·福特"可谓名副其实：他不仅与亨利·福特同是美国人，也是这位汽车制造业先驱的现代复刻版。福特曾经鼓舞了汽车业的发展，好时也给脆弱的巧克力业带来了大规模生产的灵感。二人唯一的区别在于，好时更有社会道德感。[20] 好时出生在宾夕法尼亚一个虔诚的门诺清教徒家庭，并在 15 岁时去兰卡斯特的一家甜品店当学徒。到 19 岁时，他在玛蒂姨妈的帮助下，在费城创立了自己的甜品厂。后来他又将厂房迁回兰卡斯特，主要生产太妃糖。1893年，好时通向大马士革的道路终于明朗起来，那一年他参加了芝加哥世博会，会上看到了莱曼和德雷斯顿公司（正是这家公司几十年前帮助梵·豪顿改良了

宾夕法尼亚好时镇的路标

去脂压力）带来的巧克力生产机器。世博会结束后，好时买下了这台机器，用来给自己生产的太妃糖制作巧克力糖衣。后来，他去考察了欧洲巧克力生产中心，回来就以 100 万美元（这在当时可是一笔大数目）的价格售出了自己的太妃糖产业，并买下宾夕法尼亚德里镇的一家农场，在此建立了自己的巧克力生产厂。

这里就成了"好时巧克力镇"的核心，其规模之大，让吉百利和罗特里瞠目结舌。密尔顿·好时的私家宅邸是整个好时镇的主要建筑，简直是乔治·华盛顿在弗农山庄故居的放大版。好时每天从这里出发，去视察他一手创建的疆土：巧克力和可可工厂（虔诚的企业志中称其为整个好时镇的"心跳"）、工业区的孤儿院（好时夫妇膝下无子女）、好时百货公司、男士和女士俱乐部、五座教堂、免费图书馆、志愿者消防局、两所学校、带有精美花园、动物园和云霄飞车的好时公园、好时宾馆，以及高尔夫球场（本·霍根曾是这里的高级会员）。看起来好时的几千名雇员的生活配套应有尽有，这种家长式的资本主义的胜利在于它只是名义上的城镇：这里没有市长，也没有任何形式的选举政府，只有慈善的独裁者——密尔顿·史内夫里·好时的各种念头。

好时大批量生产牛奶巧克力就需要大量的牛奶和糖。其牛奶主要由附近8000 亩的农场供应，当然，这些农场也都是好时的产业。根据公司 1926 年的宣传册[21]，每天早晨都有 6 万加仑的"新鲜醇厚的吃草牛的奶"运到工厂，被倒进压缩器，再与糖粉混合。

好时的产业还不仅限于好时镇。1915 年，好时拜访了古巴美丽富饶的北海岸，被当地的蔗糖作坊和现代热带城镇吸引，并决定入驻。他在距哈瓦纳100 公里（约 60 英里）的北圣克鲁兹建立了一座综合体。好时在古巴的运营中心设施也许没有宾夕法尼亚的设施先进，但却拥有一座绝佳的棒球场（棒球是古巴的国球）和赛马场。好时还修建了两条现代电车轨道，用于运输精糖，再海运至其巧克力和可可工厂。两条轨道一条通往马坦萨斯港，另一条通向哈瓦纳，两条线上的列车都有乘客服务。当菲德尔·卡斯特罗带领着他那些蓄着胡子的革命者于 1959 年推翻巴蒂斯塔政府时，好时蔗糖镇和其他在古巴开设的美国企业一样结束了运营。然而不可思议的是，好时 85 年前修建的电车轨道依然载着乘客在哈瓦纳和圣克鲁兹之间往返，而好时当时在古巴的员工还在用自己亲手做的配件悉心呵护着这两条铁路。[22]

好时无疑是一位营销天才。他招募了许多营养学家来宣传自己产品的健康品质，让自己的产品在健康方面无懈可击。好时和他的巧克力棒及可可很快占领了美国市场。好时采用了完全机械化的生产，将生产机器和传送带无缝对接，形成了完整的生产流水线。好时最畅销的巧克力棒中的杏仁从南欧进口，再由机器投入模具中。到了20世纪20年代末，该工厂每天可生产5万磅（2.3万公斤）好时可可。好时还有一种产品更受欢迎，即"好时之吻"，这是一种一口一个的小牛奶巧克力，呈平底水滴形，由机器单独分装。"好时之吻"一经推出立即大卖，到20世纪80年代，好时的传送带已经将2500万颗"好

时之吻"送入收纳箱。这也难怪"巧克力镇"上的路灯都要做成"好时之吻"的形状了。

弥尔顿·好时在他自己的医院中去世，享年85岁，但他的家长式的帝国得以延续：现在的好时食品公司年销售额高达20亿美元，并与其主要竞争对

好时之吻的包装机。弥尔顿·好时在巧克力糖果的大规模生产方面堪称楷模。

手玛氏公司占据美国甜品市场 70% 的份额。[23] 由于大批游客蜂拥至宾夕法尼亚参观好时的梦幻小镇，好时巧克力工厂不得不停止对游客开放。现在游客只能乘坐自动车在"巧克力世界"周围兜一圈，看看他们最爱的巧克力棒和好时之吻是怎么生产的。[24]

当然，各大跨国企业也不会坐以待毙，让一家纯美国公司在类似迪士尼的主题公园里生产出的巧克力产品独大。以下是一位记者描绘的在"吉百利世界"（伯恩村的吉百利模范镇中的名胜，每年也会吸引 40 万游客）中发生的两个场景：

> 在尤卡坦的丛林中，一个挥舞着刀的印第安牧师正在准备用一只小棕狗献祭。小棕狗的身上还带有形似可可豆的印迹。一个小男孩一边看着这场景，一边津津有味地咬着一块扭扭巧克力棒。他的家人正在喊他，他们的声音与雷声交织在一起，在森林中回响。而这个小男孩却溜去看埃尔南·科尔特斯是如何走进蒙特祖玛的官廷的。[25]

制作巧克力的方法

我们的读者现在应该已经知道，最晚至 19 世纪与 20 世纪之交，现在巧克力生产流程的各个方面基本已经齐备。最核心的流程有三，生产出三种不同的产品：（1）可可粉；（2）黑巧克力；（3）牛奶巧克力。[26] 前文已经详述过，通过液压或溶剂将大部分可可脂提出，即可生产出可可团；再将可可团制成粉末，再通过烹饪的方式加入糖。然后可以对可可粒、可可液或可可团做碱化处理。但要想生产出"即食可可"，尤其是可用冷水冲泡的可可，还有一个问题：低脂可可本身无法与水或牛奶相溶，所以我们需要一种湿润剂，一般采用卵磷脂，这种复合物被称为"大自然的高级乳化剂和表面作用剂"。卵磷脂（又称蛋黄素）可从蛋黄中提取，但这种方法成本高昂，所以通常是从大豆中提取的。卵磷脂对大规模的巧克力生产商尤其具有吸引力，因为它可以作为昂贵的可可脂的廉价替代品。这些生产商不愿意将可可脂重新加入产品中，而是销向别处。

255

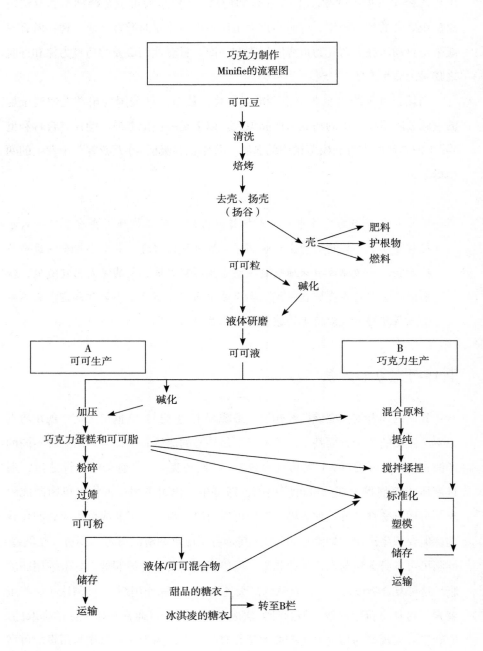

巧克力制作
Minifie的流程图

可可豆

清洗

焙烤

去壳、扬壳
（扬谷）

壳 → 肥料
壳 → 护根物
壳 → 燃料

可可粒

碱化

液体研磨

可可液

| A 可可生产 | B 巧克力生产 |

碱化

加压

巧克力蛋糕和可可脂

粉碎

过筛

可可粉

储存

运输

液体/可可混合物

甜品的糖衣
冰淇凌的糖衣 → 转至B栏

混合原料

提纯

搅拌揉捏

标准化

塑模

储存

运输

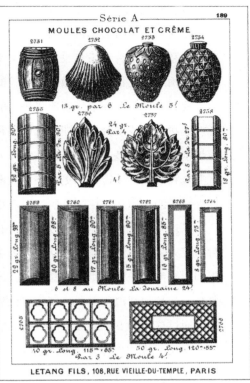

巧克力奶油模型（上图），以及用于填充万圣节空心蛋和母鸡的巧克力模型
（下图）。两图摘自 1907 年在巴黎出版的专业巧克力生产商的设备清单。

可可粉是大多数甜品糖衣的基本原料，因为"纯"可可中可可脂含量过高，在受到压力时会变得过硬以至于脱落（我们一定还记得小时候夏天吃冰激凌时，巧克力外壳会变硬变碎，真是让人沮丧）。这个问题也可以通过卵磷脂解决，用这种乳化剂可以做出黏度较低的糖衣来。

要想制作黑巧克力，就要将烘好的可可粒制成液体，再将糖磨成粉。将二者加入搅拌机或混合机，即一只底座和滚轮均由大理石制成的研磨盘。用蒸汽或热水加热，这基本是用手加热弧面石磨的现代版本。接下来，再用几个滚轮将混合物磨细，使得口感更加细腻顺滑。倒数第二步是搅拌揉捏，给巧克力团加入最后的味道。一块高品质的黑巧克力的生产时长约为 72 至 96 小时。

生产巧克力的最后一步是温度调节，这一步在整个产业中均有应用，但对巧克力甜品商和上流的甜品师尤为重要。这似乎与我们的常识不符，但可可脂和所有油脂一样，是含有晶体的。给巧克力团调节温度的科学（或艺术）主要在于交替加减温度至严格规定好的温度，这样才能持续产生小的"B 类"晶体。通过这样的方式，最终的产品才能表面有光泽无气泡、口感脆硬。

牛奶巧克力的基本步骤与黑巧克力大致相仿，但需加入含水量极低的牛奶。好时的工厂会把古巴的蔗糖研磨得像雪花一样细，再把农场送来的牛奶提炼至类似奶油，然后再将二者与可可液一道加入搅拌机进行混合。随后将混合物送至精炼机，用水冷钢滚轮研磨，再进行揉捏搅拌。最后进行筑模部，制成好时之吻或是巧克力棒。

大多数高品质的食用巧克力均来自于筑模和机械式地加糖衣。空心的模型壳用过后依然是空心的（就像复活节的兔子和彩蛋），或在里面填充方旦糖、乳脂软糖、软焦糖或者甚至是外国的利口酒。加上精致的包装后再有商贩销售出去，这些都是巧克力畅销必不可少的因素。

质量与数量的对决：寻找更好的巧克力

很久以前，巧克力饮品还是贵族和教会人员的专利，但如今巧克力鉴赏家已基本销声匿迹，因为大规模生产的巧克力占据大部分份额。当然，不是所有

人都 喜欢这样的现状。虽然杰克·凯鲁亚克对巧克力充满热情，他的"好味传统好时巧克力棒"中却缺了点什么。没错，由于法律的约束，现在不会再有无良的巧克力生产商在产品中混入砖屑、土豆淀粉和可可壳，再卖给无知的消费者。但为了收益，也为了让巧克力能更方便地进入模具并加糖衣，大规模生产巧克力的厂商开始削减甚至完全去除了可可脂，这可是高品质巧克力的决定要素。如上文所述，大多数厂商将可可脂转售给医药行业用于多种用途，从而牟取高额利润。可可脂本该用于巧克力中，应在揉捏搅拌或之前的步骤中加入巧克力，而很多厂商却用卵磷脂或棕榈油等廉价的植物油代替了可可脂。"夏季"糖衣中就常用这一招：在中低价位的盒装巧克力中都是用这样的糖衣。由于这种糖衣的黏性低，所以也更易于加工，也不需要上下调节温度。但是这些巧克力通常品质不佳，平淡无味。[27]

直到最近，欧洲大陆（尤其是法国和比利时）的巧克力制造商才开始比

由包装可见，高品质的巧克力含有超过 50% 的可可粉，此外可可脂含量亦很丰富。

他们在英国和美国的同行更注重产品的味道品质。其中主打奢侈品市场的生产高品质巧克力的最著名的厂商之一就是比利时的歌帝梵巧克力生产商，该公司成立于第二次世界大战后。他们生产的糖果包装精美、售价不菲，远销世界各地，甚至在沙特阿拉伯亦有售（我们之前提过中东地方不喜食巧克力）。

成立于 1922 年的法国法芙娜在巧克力品鉴圈中名号更响[28]，其总部位于坦耶尔米塔格，距美食之都里昂以南一小时车程。与好时公司几千名雇员相比，法芙娜的规模很小，只有 150 名雇员，其中还有一个 10 人的全职评审团。他们每天只需要负责品尝新产品即可。法芙娜原先只面向专业人士，再由客户自己融化、铸模并包装。到 1986 年，他们才决定自己实施整个流程。和 17、18 世纪的巧克力饮品爱好者一样，这家只针对上流市场的巧克力生产商也明白，巧克力液的含量及可可豆的来源和品种对产品的质量都产生了至关重要的影响。正如记者克里斯多弗·佩特卡娜（Christopher Petkanas）记者的报道中所述[29]，法芙娜的市场总监阿尔丰斯·都德（Alphonse Daudet）认为，"可可固体"（即"巧克力液"）含量不超过 50% 的巧克力是平淡无奇的，他甚至认为这种产品算不上巧克力。而美国销售和消费的大多数巧克力中可可的含量还不到 43%？其中原因就在于糖比可可廉价得多。

在 20 世纪 80 年代，法芙娜的皇冠上最璀璨的珠宝是"瓜纳哈 1502"（用哥伦布与划着独木舟的玛雅贸易商和他们的可可相遇的时间和地点命名），选用源自 10 个产地的可可豆制作而成（但主要还是克里奥罗）。这一产品含有70% 的"可可固体"（当时已创下世界纪录），而卡路里只有一般批量生产巧克力的十分之一。

法芙娜最近的发明是 *Manjari*（在梵文中是"宴会"的意思）。[30] 这种产品的原料是 100% 来自马达加斯加某个种植园的克里奥罗可可豆。巧克力老饕说 *Manjari* 是一种味浓却不苦的黑巧克力，甚至带有一丝覆盆子的味道。全世界只有 20 吨 *Manjari*，主要由"独享"餐厅采购用于做甜点。虽然克里奥罗的可可豆产量已降至世界可可总产量的 2%，但现在高级巧克力品鉴者和甜点师明显更青睐这一品种，就像当年西班牙宫廷对其偏爱一致。

随着欧洲和美国生产巧克力 *grand cru*（相当于红酒中的列级名庄）的

发展，各地的巧克力爱好者团体也如雨后春笋般涌现，如英国尚塔尔·科迪（Chantal Coady）领导的"巧克力协会"，她是伦敦洛可可巧克力的老板。这一巧克力品鉴家协会的主要任务就是评估"可可固体"含量超过50%的巧克力的优点，以及生产原料的品种。在1991年的一次访谈中[31]，科迪女士称她的协会并不是"对巧克力上瘾的人"，她认为对巧克力上瘾的人喜欢的不是巧克力，而是糖，因此会导致饮食紊乱。她认为优质巧克力应仅采用不含杂质的"可可固体"，且含量越高越好，再加上少量可可脂和一点点糖。至于商业"巧克力"（这里的引号是她自己加的）的主要成分则是糖、固体植物油和奶粉。她认为"这种糟糕的食物导致了人们认为巧克力是一种会让人发胖、蛀牙并上瘾的食物"。

现在世界上有几百甚至上千家高级巧克力销售商（他们从巧克力生产商那儿采购高级的巧克力再进行包装），他们出售的巧克力包装上会标明可可粉的含量。现在的巧克力生产商遍布世界各地：阿拉斯加的锡特卡有一家、怀俄明州的米蒂齐有个年轻牛仔也做着这门生意。现在在所有367家乔氏的商店（一家门店遍布美国东海岸到西海岸的连锁超市）收银处的柜台上就能见到法芙娜。

随着近几十年来高品质巧克力的发展，巧克力品鉴业也发展出一套专业术语来，就像葡萄酒的品鉴术语一样。称赞奢华巧克力口感的术语有"坚果味"（nutty）、"水果味"（fruity）、"刺激味"（tanyy）、"甜味"（Sweet）、"辣味"（spicy）还有各种"花的味道"（floral notes）。可是人要如何区分这些味道呢？以前，我们认为舌头上有分区，四个区域分别分布着咸味、甜味、酸味和苦味（我们现在必须加上第五味——umami，即鲜味）的感受器。这一理论现在已经被证明是错误的：各种味道的接收器均分布在舌头上部和两侧，甚至出现在一些我们很难想到的部位：如气道、胰腺和肠道上。鲜味的接收器甚至还出现在精子上！只是我们尚不清楚个中缘由罢了。

神经学家和心理学家已经证实，味觉感知（和视觉、听觉一样）属于大脑的认知功能。[32]抿一口巧克力，要待其活跃分子通过鼻腔呼吸出去，才能通过鼻腔的小接收器感知到味道（要想验证这一说法，不妨在吃巧克力时捏住鼻子，就尝不出任何味道了）。这种化学信号传导至大脑，就是全部过程了。很多实验证明，大脑会同时接收其他信号，比如舌头感知的质感、眼睛看到的颜色、咀嚼的声音，甚至还有对环境的感知，这些都会促使大脑形成对味道的完整感知。很多巧克力生产商都能紧跟这种"神经美食"研究的潮流，因此他们的实验室能生产出俘获巧克力鉴赏大家的产品。

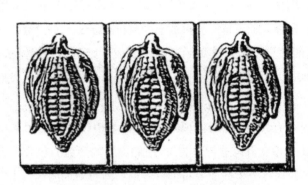

第九章　巧克力的道德

　　1994 年初，一款新型巧克力棒席卷了英国全境的超市货架，这款巧克力名叫"Maya Gold"（金色玛雅），由公平贸易协会作信用担保。公平贸易协会是一个由尔施会和其他团体共同创立的协会，旨在确保第三世界的生产商（此例中即伯利兹的奎克奇玛雅人）在出售原产地产品时都获得更优惠的贸易条件。

　　别去管这款甜品名称中的"金"在很晚才为玛雅人所知；也别去管这款巧克力色彩斑斓的包装纸上的中美洲艺术主题与玛雅毫无关联（这些都是特奥蒂瓦坎和米克斯特克的）；也请忽略这款巧克力的回味很涩（它含有 70% 的可可粉，却不含可可脂）；更别理会它的味道中混杂着一丝橙香（新大陆在被占领前还没见过橘类呢）。重要的是，"金色玛雅"是用玛雅人种植的可可豆制成的，玛雅人也从中分得了一大杯羹。

　　"金色玛雅"是约瑟芬·费尔利（Josephine Fairley）的发明，他一直支持环保事业。金色玛雅的起源要追溯到 20 世纪 80 年代的伯利兹南部，当时一家美国公司说服当地的奎克奇玛雅农民停止原先小规模种植的半野生树种，而改种高产量的混种（千里塔力奥）可可树。虽然千里塔力奥比较容易遭受病虫害，因而需要大量昂贵的杀虫剂和除草剂，但这家美国公司承诺种植出来的可可每磅价值一美元。在如此高的利润的吸引下，当地的农民不惜从银行借来巨款，开始种植这种可可树。

几年后，可可树开始结果，但国际可可市场却风向骤变。美国买家此时只肯出每磅 27 美分的价格收购可可，这还不够支付采摘和营销的费用呢，于是农民们只好任由可可豆荚成熟落地、腐烂。玛雅两千多年的可可贸易就此轰然倒塌。

这时，约瑟芬·费尔利出手了。她新成立的 Green&Black（绿与黑）公司当时已开始销售用无须杀虫剂的可可制成的巧克力棒。她联系了当地的玛雅可可农民协会，用每磅 48 便士（即 75 美分）的价格收购可可，条件是不得使用化肥和杀虫剂。就这样，玛雅可可种植园的规模又回到了三英亩。有了这笔钱，他们的孩子终于能上得起中学，生病的家人也可以送去较远的医院医治。在一份 Green&Black 的宣传册中，贾斯汀诺·佩克（Justino Peck，玛雅可可种植协会会长）写道："我们现在还能在祖先耕耘了几千年的土地上存活下来，真是很幸运，对此我们也心怀感激……在金色玛雅的帮助下，我们才能保护这里的环境，为我们的孩子打造更美好的未来。"

这可是巧克力领域里的新鲜事。在此之前，无论是英国的、欧洲大陆的，还是美洲的巧克力生产商都很少关心过热带国家中巧克力种植者的福利。因为大量使用化学用品几乎是可可农场的标配（见下文），不会有人关心其后果。而 Green&Black 下了一个赌注，即他们认为喜欢巧克力的人群会越来越愿意为"道德正确"的产品支付额外的价格。

这起巧克力史上的重大事件发生在奎克奇玛雅可谓恰如其分，因为 1544 年，就是玛雅人最初将这种表面浮着泡沫的饮料带入欧洲，献给西班牙的菲利普王子的。

巧克力世界的黑暗面

在巧克力行业内，几乎每一个业界大佬面临的最严重、最麻烦的问题莫过于广袤的西非可可庄园上的童工问题（其中大多数都是无偿劳动）。其中，这种罪恶的行为最常发生的地方在科特迪瓦和加纳。单单科特迪瓦每年佛里斯特罗可可就占全世界产量的近 40%，是巧克力巨头的中流砥柱。几百万非洲儿童（其中一部分是从马里等邻近国家买来的）全年在极糟糕的环境下工作，受到用于对付可可树病虫害的杀虫剂的伤害，常常被用来开可可豆荚的砍刀弄伤。他们的生命通常很短暂，且得不到医治，更别提上学的机会了。

BBC 于 2000 年播放了一部震惊全国的纪录片，随后美国《时代周刊》等新闻社也跟进报道，让美国国会也注意到了这个现代儿童奴役和剥削制度。参议员汤姆·哈金（Tom Harkin）和议会代表埃利奥特·恩格尔（Eliot Engel）提出提案，要求在美国立法，进入美国的可可必须有"未用童工"的标签。可惜这一提案遭到巧克力业的极力反对，由于他们的游说，提案未能通过。但各方协商通过了一项《哈金－恩格尔志愿条例》，并成立了一个委员会，旨在逐渐消除使用童工的现象。

无奈，该委员会成立后的 12 年内，由于这一条例对正在经受政治暴力甚至内战的非洲国家毫无约束力，情况并未明显好转。19 世纪诚实的贵格会成员指责的、类似弗赖伊和吉百利家族的现象依然存在。喜欢大规模生产的佛里斯特罗可可的巧克力爱好者可能并不会深究其生产者是否还只是个孩子。

小型生产商的巧克力世界

前面的章节已经叙述过，人类约在 4000 年前发明了巧克力，最可能的发源地位于墨西哥和危地马拉东南部沿太平洋海岸的平原上。在西班牙帝国统治的早期，索科努斯科省与可可农庄联合，其克里奥罗可可的产量得到了西班牙宫廷的褒奖。可能有人认为如今那里依然生产巧克力的原料，可惜事实并非如此，只有一个例外：Rain Public。这是一种高端的巧克力，虽然此处的行业不景气，它却不断坚持创新，存活至今。

一位北美的年轻人乔斯·塞尔蒙斯（Josh Sermos）在其危地马拉的妻子莱斯莉·亨利（Leslie Henry）的协助下创立了 Rain Public。乔斯出生于乔治亚州的亚特兰大，由于父亲是位联邦调查员，不停地变换驻地，乔斯也只好随着父亲频繁地转学。最终，他在丹佛大学修完了法律，并且做了几年律师。在法学院，他结识了后来的妻子，并于 1993 年决定与妻子一起搬去危地马拉。

用乔斯的话来说，他的人生从此开启了"艰难模式"。由于他不懂西班牙语，很难找到工作，一开始只能泡在咖啡馆里寻找工作机会。有一天，另一个美国人问他是否了解 Kalashnikov（一种寿险，可惜和暴力犯罪沾上了边）。听闻他了解这种寿险，这个同胞给了他点钱，让他去海边从农民手里买些黑咖啡豆回来。自此，乔斯开始了"coyote"（当地方言，意思是流动的咖啡和可可豆采购商）的生涯。后来他专注于可可贸易，将能搜集到的巧克力贸易的文献读了个遍，发现如果没有安全问题，可可能够不受监管控制，快速运往美国。就这样，乔斯成了一名巧克力生产商，同时也开始学习西班牙语，并爱上了他的第二故乡。

但乔斯用了很长时间才学会使用他买来的机器，一方面是因为同业者都对其三缄其口，另一方面，在危地马拉，巧克力主要是做成饮料的形式，而非食品（今天依然如此）。与他合作的可可种植者大多分布在沿海平原，但也有一些在科万，即在贯穿全国的山脉的另一侧。乔斯用了五年时间才尝试出一种成功的配方，即理想的可可粉、可可脂与香草的配比。他开始将 Rain Public 巧克力棒销往美国市场，并同时开始线上发售（www.rainrepublic.com）。

Rain Public 通往成功的道路也并非一帆风顺。危地马拉与其他热带国家一样，其可可树也遭受了荚果腐病和丛枝病的侵袭，产量蒙受很大损失。乔斯在科万的一个主要供应商蒙受了巨大损失，不得不砍掉所有可可树，改种橡胶。和厄瓜多尔及其他拉美国家不同的是，危地马拉政府没有资金支持可可等作物的种植（现在大多数危地马拉人饮用的巧克力都是从多米尼加共和国进口的）。由于危地马拉只有成百上千的小型种植者和合作社，而没有大型的可可庄园，所以几乎无法获取原产地证明。虽然危地马拉可可产量不高，但至少这片美丽的土地上没有童工。

Rain Public 的黑巧克力中可可粉的含量高达 70%，就连牛奶巧克力中也含有 41% 的可可粉。乔斯称"每块成品背后都有 300 人的辛勤劳动"。目前，在美国市场上销量最好的是玛雅之火黑巧克力，其中掺入了科万的辣椒粉。这一配料证实了现代美国人依然嗜辣，因此古代中美洲在巧克力中加入辣椒粉的传统得以复兴。

和许多非洲庄园剥削童工的罪恶行径不同，乔斯一直在向当地的学校捐书，希望他的可可供应商的孩子们能接受教育、学会读写。受其当教师的母亲的影响，乔斯称："我想每个人都有力量改变世界。我要向危地马拉的其他商人证明，我们可以对社区产生积极的影响。"这才是真正的"公平贸易"。

　　就这样，巧克力的发展史完成了一个循环，回到了曾经在巧克力发现史上扮演重要角色的国度。

注　释

第一章　"神食"之树（第 16—32 页）

1. 如需关于可可及其种植最新的精确生物学记载，请见 A. M. Young 2007。此外，Urquhart 1961 中相关介绍亦很实用。

2. A. M. Young 2007 中有详细的描述。

3. Presilla 2001、Cook 1963 及 Minifie 1980 中有关于可可加工及巧克力生产步骤的清晰描述。

4. Cuatrecasas 1964.

5. 如读者有意愿进一步深入探究这一复杂的话题，应参见：Bletter and Daly 2006,and Ogata et al. 2006.

6. Lanaud et al. 2010; Zarrillo, 2012.

7. 正如 Ogata、Gómez-Pompa 及 Taube（2006）所称，在所谓的克里奥罗及佛里斯特罗"纯种"种群中，各品种的特性也各不相同。

8. 可可与其亲缘植物的关系请见：Bletter and Daly 2006: 38-48.

9. 澳大利亚营养学家 Glenn Cardwell（2004）对此话题有深入的研究和全面的记载。

10. Bletter and Daly 2006: 47.

第二章　巧克力的诞生：中美洲创世说（第 33—64 页）

1. Justeson et al. 1985; Kelley 1987.

2. Hurst 2006.

3. 与特里·波伊斯及杰弗里·赫斯特二人的私下交流。

4. 与特里·波伊斯及杰弗里·赫斯特二人的私下交流。

5. In Hurst 2002.

6. 这段《玉米人》的英文翻译选段出自：Tedlock 1985: 163.

7. Fuentes y Guzmán 1932-1933(2): 163.

8. 关于这些发现的记载，请见：M. Coe 1992: 145-166.

9. 在 Thompson 1956 中有讨论。

10. 欲研究古典期玛雅的陶土文献及其解读，请见：M. D.Coe 2012 and Reents-Budet 1994，及 Reents-Budet 引用的大量文章和书籍。这仍是玛雅题铭研究和肖像研究中研究最活跃的领域。

11. Stuart 1998，及与史蒂芬·休斯顿的私下交流。亦可参见：Stuart 2006 中关于巧克力调味图像字符的讨论。

12. McNeil, Hurst, and Sarter 2006.

13. Lentz et al. 1996, Sheets 2003.

14. 与史蒂芬·休斯顿的私下交流。

15. 与史蒂芬·休斯顿的私下交流。

16. 在 Balberta 的考古发现在 Bove 1991: 135-139 中有描述。如果这些陶土雕像能够准确地呈现原来的豆子，那么克里奥罗或类似的可可豆应该在殖民前很长时间在太平洋沿岸平原就有种植。很可惜，Cruz 等人（1995）并未用 DNA 标记对来自 Balberta 或索科努斯科及其西北部的克里奥罗可可豆样本进行分析（与 Richard Whitkus 的私下交流）。

17. 与 Nicholas Helmuth 的私下交流。

18. 关于普顿玛雅的更详细的讨论，请见：Thompson 1970.

19. 目前尚无关于卡卡斯特的令人满意的研究成果，其墙饰的复制品也不够多。

20. Quoted in Scholeset al. 1938: 118. Our translation.

21. Gómez-Pompa et al. 1990。

22. Cárdenas Valencia 1937: 124.

23. Quoted in Tozzer 1941: 95, note 417.

24. Tozzer 1941: 90.

25. Tozzer 1941: 90.

26. Tozzer 1941: 92.

27. Tozzer 1941: 164.

28. 与丹尼斯·泰德洛克的私下交流。

29. Thompson 1938: 602.

30. 这本词典及其他殖民时间尤卡坦词典的词汇均可见：Barrera Vásquez 1980.

31. Baer and Merrifield 1971: 209-210.

32. Popenoe 1919.

33. Fuentes y Guzmán 1932-1933(2): 97. Our translation.

第三章　阿兹特克人：第五个太阳的臣民（第65—105页）

1. Sahagún 1950-1959.

2. Durán 1964, 1967, 1971.

3. R. F. Townsend 2010，是最新的简明阿兹特克历史及文化记载。Paradis 1979 中有一篇关于阿兹特克人如何使用可可的文章。

4. 关于墨西哥的神，请参见：Miller and Taube 1992.

5. León-Portilla 1963.

6. Sahagún 1950-1959(9).

7. Sahagún 1950-1959(6): 71.

8. Torquemada 1943(1): 117.

9. Durán 1964: 134-138.

10. Durán 1964: 136.

11. Durán 1964: 137.

12. Durán 1964: 138.

13. Hernández 1959.

14. Zantwijk 1985 中有关于波奇德卡最完整的研究。

15. Cooper-Clark 1938: 58 中有引用。

16. 这可能代表多少杯或多少碗（西卡利）巧克力呢？我们很难找到这样的数据。科蒙内罗·德·雷德斯玛提供的西班牙食谱（1644）称一罐巧克力（可能相当于两个阿兹特克西卡利）需要100粒可可豆，再加上水和调味品。如果此说属实，那么特斯科科一天的巧克力消耗量可能在640杯左右。

17. Torquemada 1969(1): 167.

18. Cervantes de Salazar 1936(2): 107.

19. Durand-Forest 1967.

20. Cervantes de Salazar 1936(2): 107-108 中记载了这个故事。

21. Cervantes de Salazar 1936(2): 107-108. Our translation.

22. Anonymous Conqueror 1556: 306a. Our translation.

23. Sahagún 1950-1959(10): 93.

24. Steck 1951: 275.

25. Clavigero 1780: 219-220.

26. S. Coe 1992 中可以找到更多关于该主题的细节。

27. Sahagún 1950-1959(8): 37-40.

28. Sahagún 1950-1959(8): 40.

29. Hernández 1950-1959(8): 40. 巧克力有催情作用的民间传说代代相传。到了现在，已经将催情特性归因于其中一种混合物，即苯基乙胺。这是一种会改变情绪的化学物质。据称，当人们恋爱时，大脑就会分泌这种物质。虽然尚未有证据显示苯基乙胺会提高性欲和性能力，但我们希望这种说法是真的，这样也许人们就不会再对犀牛角之类的东西趋之若鹜了。

30. M. Martinez 1959.

31. Popenoe 1919: 405.

32. Sahagún 1950-1959(11): 201.

33. Ximénez 1886: 45-46; Sahagún 1950-1959(11): 202.

34. Díza del Castillo 1982: 185。SDC 的译本。

35. Las Casas 1909: 552. Our translation.

36. Sahagún 1950-1959(9): 35.

37. Durán 1967: 358.

38. Thompson 1956: 95 中有引用。

39. Andersonet al. 1976: 213.

40. Sahagún 1950-1959(10): 65.

41. Sahagún 1950-1959(6): 256.

42. Durán 1971: 132.

43. Torquemada 1969: 177.

44. León-Portilla 1992: 92.

第四章　巧克力的邂逅与变迁（第 106—124 页）

1. Colon 1867: 1959; Morison 1963: 327.

2. 威尼斯画廊的大小请见：Rubin de Cervin 1985: 39-40.

3. Tozzer 1941: 7 中有引用。

4. Morison 1963: 327. 我们对这篇著名的译文稍加了改动。

5. Benzoni 1962: 103-104. SDC 的译本。

6. Fernándze de Oviedo 1959(1): 272.

7. Díza del Castillo 1982: 607-611.

8. Acosta 1590: 251.Our translation.

9. 下文的讨论，我们大量借鉴了 León-Portilla 1981: 230-235。

10. Hernández 1959(2): 305.

11. Dávila Garibí 1939.

12. León-Portilla 1981: 235.

13. Ortiz de Montellano 1990.

14. Ortiz de Montellano 1990: 31.

15. Cárdenas 1913.

第五章　巧克力占领欧洲（第 125—176 页）

1. Swall 1973: 380.

2. Piso 1658: 197-202.

3. Lopez de Gomara 1964: 390; J. L. Martinez 1990: 492.

4. Estrada Monroy 1979: 195.

5. Veryard 1701: 273.

6. Colmenero de Ledesma 1644: 21.

7. 马拉多的对话在 Duforr 1693: 383-387 中重印。

8. Mota 1992: 175-176.

9. Sanchez Riveron n. d. : 1880-1890.

10. Olmo 1680.

11. Villari 1868: 132. Our translation.

12. Aulnoy 1926: 347. Our translation.

13. Aulnoy 1926: 344. Our translation.

14. Aulnoy 1926: 469.

15. 请在 Casati and Ortona 1990 中寻找类似理论。

16. Redi 1742(3): 52-54.

17. Zacchia 1644: 326. Our translation.

18. Hibbert 1980: 289.

19. Villari 1911: 39.

20. Acton 1932: 119.

21. Acton 1932: 151.

22. Hibbert 1980: 296-297.

23. Villari 1911: 39.

24. 这一著作有若干更早的版本。我们参考的是：Redi 1742(3).

25. Hunt 1825: 11.

26. Croce 1931: 237. Our translation.

27. Hunt 1825: 122-123. Leigh Hunt 的译本.

28. 请参见 Chase 1992: 59，其中有关于这些异域材料及当时在美食中的运用的讨论。

29. Redi 1811: 315.

30. Redi 1811: 345-346, note 1.

31. Malaspina 1741.

32. Malaspina 1741: 21-22. Our translation.

33. 在 Bourgaux 1935: 107 中有引用。

34. Cárdenas 1913: 108-113.

35. Suarez de Peralta 1878: 334, note 34.

36. Solorzano and Pereyra 1972.

37. León Pinelo 1636. 根据 Nikita Harwich（1992: 95）的记载，León Pinelo 是秘鲁与西班牙的混血，后搬至西班牙。

38. Hurtado 1645.

39. Brancatius 1664.

40. Gudenfridi 1680: 73-74. Our translation.

41. 由 Bourgaux（1935）评论。

42. Argonne 1713: 8-9. Our translation.

43. Franklin 1893: 162-163. Our translation.

44. Franklin 1893: 162-163. Our translation.

45. Le Grand d'Aussy 1815: 120.

46. Sévigné 1860: 165. Our translation.

47. Sévigné 1860: 228-229. Our translation.

48. Sévigné 1860: 383. Our translation.

49. Sévigné 1860: 383. Our translation.

50. Le Grand d'Aussy 1815: 123.

51. Viscont 1992: 50.

52. Franklin 1893: 171.

53. Deitz 1989.

54. Smithies 1986: 71-80 和 Franklin 1893: 170 中有关于暹罗使者及其献礼故事的完整
    叙述。

55. Deitz 1989.

56. 作为"补充部分"出版于 Dufour 1693。

57. Blegny 1687: 232.

58. Pan American Union 1937. 这一故事也与 Thomas Gage 有关（请见：Thompson 1958,
    158）。

59. Acosta 1590: 251.

60. Gerard 1633: 1551.

61. Huxley 1956.

62. Gualtieri 1586: 10.

63. Mangetus 1687: 392-394,491.

64. Pepys 1970-1983(1): 253.

65. Hewett 1873: 8-9.

66. Pepys 1970-1983(1): 178.

67. Pepys 1970-1983(4): 5.

68. Pepys 1970-1983(5): 64.

69. Pepys 1970-1983(5): 139. "slobbering my band"（意犹未尽）的意思是垂涎三尺，弄湿了领口。

70. Pepys 1970-1983(5): 329.

71. Magalotti 1972: 135. Our translation.

72. Dunn 1979: 192-195.

73. Huxley 1956: 78.

74. Hughes 1672.

75. Dufour 1685: 107. 杜福尔这篇文章的法文版于 1693 年出现在巴黎.

76. Dufour 1685: 109.

77. Lister 1967: 170.

78. Stubbes 1682. 1662 年有过一个更早的版本，标题为《印第安的甘露》。

79. Stubbes 1682: 18.

80. Gemelli Carreri 1727(1): 240. 有一份更早的意大利版，于 1719 年在威尼斯出版，我们未能见到。

81. "调节温度" 即先加热后冷却的过程，处理后的巧克力用于做甜品的糖衣，可可脂含量很高。

82. Anonymous report in The Economist, 7 August 1993, p. 7.

83. Gemelli Carreri 1727(5): 180.

第六章　起源（第 175—198 页）

1. Squier 1858: 377-378.

2. Arcila Farias 1950: 41. Our translation.

3. Bonaccorsi 1990.

4. Díza del Castillo 1916(5): 329-330.

5. Gasco n. d.

6. Pineda 1925.

7. Carletti 1701: 91.

8. Gage 1648.

9. Gage 的生平请见：Thompson 1958.

10. Alegre 1959: 377.

11. Garcia de la Concepcion 1956: 276. 关于瓜亚基尔可可种植的历史和经济资料，请见：Stevenson 1825(2): 227; Guerrero 1980; Chiriboya 1980.

12. Garcia Pelaez 1971(2): 37.

13. Córdova Bello n. d.: 719ff and Arcila Fárias 1950: 40ff 中可找到关于委内瑞拉早期可可生产和贸易的信息。

14. Dampier 1906(2): 93.

15. Cordova Bello n. d. : 719.

16. Cordova Bello n. d. : 719; Arcila Farias 1950: 41 and Constant 1988: 34 中可找到公司的经营状况。

17. 参见：Hemming 1987: 43. Alden 1976 and Nunes Dias 1961 中有很多关于亚马孙流域可可产业的记载。

18. Acuna 1986: 57. Our translation.

19. Saint-Simon 1977: 172-174.

20. Hemming 1987: 211.

21. Esquemeling 1684(pt.4): 99.

22. Simon 1993.

23. Harwich 1992: 60-62.

24. Labat 1979: 259-260.Our translation.

25. Harwich 1992: 60-62.

26. Harwich 1992: 61-62.

27. 关于可可的全球流通，请见：Constant 1988: 48-52.

28. Reyes Vayssade 1992: 140.

第七章　理性时代和非理性时代的巧克力（第 199–231 页）

1. Schivelbusch 1992.

2. Da Ponte 1995: 107. 由 Diana Reed 翻译。我们将译本中的"Jove"改回了"酒神巴克斯"。

3. Lancisi 1971: xiv.

4. Lémery 1704: 213. 此书是于 1702 年在巴黎出版的 Traite des Aliments 的英译本。

5. Rimondini 1992: 21 中有引用。

6. Duncan 1706.

7. Anonymous 1720: 46.

8. Felici 1728: 8. Our translation.

9. Baretti 1768: 192.

10. Lavedán 1991: 233-234.Our translation.

11. Martinez Llopis n. d. : 335.Our translation.

12. Saint-Simon 1974: 247.

13. Martinez Llopis n. d. : 335.

14. Kany 1932: 151.

15. Kany 1932: 151.

16. Kany 1932: 152.

17. Butterfield et al. 1975: 246.

18. Livoy 1772(2): 106-108.

19. Desdevises du Dezert 1925: 371.

20. Dalrymple 1977: 15.

21. Bergeret de Grancourt 1895: 208.Our translation.

22. Valesio 1979: 311.

23. Lewis 1971: 49.

24. 在 Pacheco and de Leyva 1915: 63 中有引用。

25. J. N. D. Kelley 1986: 300-301.

26. Plebiani 1991.

27. Anonymous 1776: 246.

28. 2012 年 3 月 "可可市场更新", http://worldcocoafoundation.org/wp-content/uploads/
   Cocoa-Market-Update-as-of-3.20.2012.pdf.

29. Mota 1992: 196-198 中有记载。

30. Taibo 1981.

31. 由欧内斯特·维泰蒂伯爵翻译。阿里西的诗收录在 Montorfano 1991: 167-168 中。
   "Apici" 是一个用 Apicius 命名的美食家协会, Apicius 是古罗马的一位烹饪书作家。

32. Morelli 1982: 59.

33. Giovannini 1987: 87-88.

34. Rivera 1986.

35. Corrado1794. 对那不勒斯冰冻果子露和冰淇凌早期历史感兴趣的读者，可以参见：David 1994: 141-180；根据其中的记录，科拉多是本笃会僧侣，出生于普利亚大区莱切市附近。

36. Salvini 1992: 55.

37. Buc'hoz 1785.

38. Campan 1823: 297.

39. Woloch 1982: 231,241.

40. Diderot 1763, PI.V

41. Diderot 1778: 785.

42. Diderot 1778: 285.

43. Diderot 1778: 785.

44. Besterman 1968.

45. Woloch 1982: 83-86.

46. Weinreb and Hibbert 1987: 961; Timbs 1866 中有关于怀特及其他伦敦早期的巧克力馆和巧克力俱乐部的历史资料。

47. Steele 1803(1): 10.

48. Weinreb and Hibbert 1987: 961.

49. Anonymous 1993a.

50. Weinreb and Hibbert 1987: 961

51. Addison and Steele 1711: 210-212.

52. Byrd 1958.

53. Morton 1986: 33-34.

54. Franklin 1893: 181.

55. J.Townsend 1791: 140-141.

56. 我们的传记素材主要取自萨德侯爵于 1993 年关于莱弗的记载。

57. Lever 1993: 208 的翻译．

58. Lever 1993: 311.

59. Sade 1980: 147.

60. Lever 1993: 311.

第八章　大众的巧克力（第232—261页）

1. Blanchard 1909.

2. Aranzadi 1920: 169-173.

3. Lingua 1989.

4. Mangin 1862.

5. Harwich 1992: 130-131.

6. 欲知了解更多贵格会成员家庭及生产公司，请见：Harwich 1992: 162ff. 欲知约瑟夫·弗赖伊及其后代的故事，请见：Anonymous 1910.

7. Freeman 1989: 90.

8. Fuller 1994: 147.

9. Hirst 1993: 29.

10. Saint-Arroman 1846: 83-87.

11. Riant 1875: 90-91.

12. Anonymous 1872: 113-114.

13. Harwich 1992: 164-167.

14. Crespi 1890.

15. Chesterton 1914: 224.

16. Reyes Vayssade 1992: 136.

17. Casati and Ortona 1990. 欲获取关于瑞士巧克力产业的历史资料，请见：Rubin，1993: 17-20; Cook 1963, 117-119; Reyes Vayssade 1992: 82-88; Harwich 1992: 137-138, 172ff.

18. Cook，1963,117.

19. Minifie 1980: 117-128 中有关于 conche 的详细描述和功能介绍。

20. Snavely 1957 中有许多关于好时生平及职业生涯的详细介绍。Snavely 既是好时的员工，又是他的亲戚。亦可参见：G. Young 1984: 681.

21. Anonymous 1926.

22. Medero 1995.

23. Fuller 1994: 33.

24. G. Young 1984: 681.

25. Hirst 1993: 26.

26. Cook 1963 和 Minifie 1980 中有关于这部分的详细记载。

27. Anonymous 1993b.

28. Petkanas 1987: 24-28.

29. Petkanas 1987: 24-28.

30. Blythman 1991.

31. Blythman 1991.

32. 关于味觉感知的神经科学知识，请见：Bakalar 2012，Barlow 2012 and Shepherd 2012.

第九章　巧克力的道德（第 264—267 页）

1. 请　见 http://en.wikipedia.org/wiki/children_in_cocoa_production. http://www.bbc.co.uk/news/world-africa-15681986.

参考文献

Acosta, José de, 1590. *Historia natural y moral de las Indias*. Seville.

Acton, Harold, 1932. *The Last Medici*. London: Faber and Faber.

Acuña, Cristobal de, 1986. "Nuevo descubrimiento del Gran Río del Amazonas en el año 1639." In *Informes de Jesuítas en el Amazonas*, by Francisco de Figueroa et al. Iquitos, Peru: Monumenta Amazonica.

Addison, Joseph, and Richard Steele (eds.), 1711. *The Spectator* 54. London.

Alden, Daniel, 1976. "The significance of cacao production in the Amazon during the late Colonial period: an essay in comparative economic history." *Proceedings of the American Philosophical Society* 120, 2. Philadelphia.

Alegre, Francisco Javier, 1959. *Historia de la Provincia de la Companies de Jesus de Nueva Espana* 3, bks. 7–8 (1640–1675). Rome: Institutum Historicum.

Anderson, Arthur J.O., Francis Berdan, and James Lockhart, 1976. *Beyond the Codices: The Nahua View of Colonial Mexico*. Berkeley and Los Angeles: University of California Press.

Anonymous, 1720. Review of *Histoire naturelle du cacao et du sucre* by de Caylus, in *Journal des Savants*, January 1720. Paris.

Anonymous, 1776. *Letters from Italy*, vol. 2. London: Edward and Charles Dilly.

Anonymous ["A Boston Lady"], 1872. *The Dessert Book*. Boston: J.E. Tilton and Co.

Anonymous, 1910. "Fry." *Encyclopedia Britannica*, 11th edn, 11: 270. New York.

Anonymous, 1926. *The Story of Chocolate and Cocoa*. Hershey, Penna: Hershey Chocolate Corporation.

Anonymous, 1993a. "White's Club: toffs' museum." *The Economist*, 10 July 1993: 55.

Anonymous, 1993b. *The Chocolate Report (The Cookbook Review)*. Cambridge, Mass.

Anonymous Conqueror, 1556. *Relation di Alcune Cose della Nuova Spagna, e della gran città Temestitan Messico*. Venice: Ramusio Giunti.

Aranzadi, T. de, 1920. "La pierre à chocolat en Espagne." *Revue d'Ethnographie et des traditions Populaires* 1: 169–173. Paris.

Arcila Farías, Eduardo, 1950. *Comercio entre Venezuela y México en los Siglos XVI y XVII*. Mexico City: El Colegio de México.

Argonne, Bonaventure d', 1713. *Mélanges d'histoire et de littérature*. Paris: Claude Prudhomme.

Aulnoy, Mme D', 1926. *Relation du voyage d'Espagne*. Paris: C. Klincksieck.

Baer, Phillip, and William R. Merrifield, 1971. *Two Studies on the Lacandones of Mexico*. Norman: University of Oklahoma Press.

Bakalar, Nicholas, 2012. "Partners in flavor." *Nature* 486 (7403): 54–55.

Baretti, Joseph, 1768. *An Account of the Manners and Customs of Italy*. London: T. Davies.

Barlow, Whitney, 2012. "Calling all senses: why flavor is not just a matter of taste." *Rotunda* 57, 4: 7–9.

Barrera Vásquez, Alfredo, 1980. *Diccionario Maya Cordemex*. Mexico City: Ediciones Cordemex.

Benzoni, Girolamo, 1962. *Storia del Mondo Nuovo*. Facsimile of 1575 edition. Graz: Akademische Druck- u. Verlagsanstalt.

Bergeret de Grancourt, Pierre-Jacques-Onésyme, 1895. *Journal inedit d'un voyage en Italie 1773–1774*. Paris: Société des antiquaires de l'Ouest.

Bergmann, John F., 1969 "The distribution of cacao cultivation in Pre-Columbian America." *Annals of the Association of American Geographers* 59, 1: 85–96.

Besterman, Theodore (ed.), 1968. *Voltaire's Household Accounts, 1760–1778*. Geneva: Institut et Musée Voltaire.

Blanchard, R., 1909. "Survivances ethnographiques au Mexique." *Journal de la Société des Américanistes*, n.s., 6. Paris.

Blegny, Nicolas de, 1687. *Le Bon Usage du Thé, du Caffé et du Chocolat*. Paris: Estienne Michallet.

Bletter, Nathaniel, and Douglas C. Daly, 2006. "Cacao and its relatives in South America." In McNeil (ed.) 2006: 31–68.

Blythman, Joanna, 1991. "Older than the Aztecs, as complex as claret." *Independent*, 14 September 1991: 33. London.

Bonaccorsi, Nélida, 1990. *El trabajo obligatorio indígena en Chiapas, siglo XVI*. Mexico City: UNAM.

Bourgaux, Albert, 1935. *Quatres Siècles d'histoire du cacao et du chocolat*. Brussels: Office International du Cacao et du Chocolat.

Bove, Frederick J., 1991. "The Teotihuacan-Kaminaljuyú-Tikal connection: a view from the South Coast of Guatemala." In *Sixth Palenque Round Table 1986*, ed. Virginia M. Fields, 135–142. Norman: University of Oklahoma Press.

Brancatius [Brancaccio], 1664. *De chocolatis potu diatribe*. Rome.

Buc'hoz, Joseph Pierre, 1785. *Dissertation sur le tabac, le café, le cacao et le thé*. Paris.

Butterfield, L.H., M. Friedlander, and M.J. Kline, 1975. *The Book of Abigail and John*. Cambridge: Harvard University Press.

Brenner, Joël Glenn, 1999. *The Emperors of Chocolate: Inside the Secret World of Hershey and Mars*. New York: Random House.

Byrd, William, 1958. *The London Diary (1717–1721) and Other Writings*. New York: Oxford University Press.

Campan, Mme, 1823. *Memoire sur la vie privée de Marie Antoinette*. London: Henri Colbum and Co.

Cárdenas, Juan de, 1913. *Primera parte de los problemas y secretos maravillosos de las Indias*. Mexico City: Museo Nacional de Arqueología, Historia y Etnología.

Cárdenas Valencia, Francisco de, 1937. *Relación historial eclesiástica*. Mexico City: Antigua Librería Robredo.

Cardwell, Glenn, 2012. *I Adore Chocolate*. Donwloadable from his website http://glenncardwell. com/choco.html.

Carletti, Francesco, 1701. *Ragionamenti di Francesco Carletti Fiorentino sopra le cose da lui veduta ne' suoi viaggi*. Florence: Giuseppe Manni.

Casati, E., and G. Ortona, 1990. *Il Cioccolato*. Bologna: Calderini.

Cervantes de Salazar, Francisco, 1936. *Crónica de Nueva España*. 2 vols. Mexico City: Museo Nacional de Arqueología, Historia y Etnografía.

Chase, Holly, 1992. "Scents and sensibility." In *Spicing Up the Palate: Studies of Flavourings—Ancient and Modern* (*Proceedings of the Oxford Symposium on Food and Cookery 1992*) 52–62. London: Prospect Books.

Chesterton, G.K., 1914. *The Flying Inn*. New York: John Lane.

Chiriboya, Manuel, 1980. *Jornaleros y gran proprietarios en 135 años de explotación cacaotera (1790–1925)*. Quito: Consejo Provincial de Pichincha.

Clavigero, Francesco Saverio, 1780. *Stories Antica del Messico*. 2 vols. Cesena.

Coe, Michael D., 1973. *The Maya Scribe and His World*. New York: Grolier Club.

—, 2012. *Breaking the Maya Code*. 3rd edn. London and New York: Thames & Hudson.

Coe, Sophie D., 1992. "Chocolate: not the flavor but the flavored." In *Spicing Up the Palate: Studies of Flavourings—Ancient and Modern* (*Proceedings of the Oxford Symposium on Food and Cookery 1992*) 63–66. London: Prospect Books.

—, 1994. *America's First Cuisines*. Austin: University of Texas Press.

Colmenero de Ledesma, Antonio, 1644. *Chocolata Inda Opusculum*. Nuremberg: Wolfgang Enderi.

Colón, Ferdinando [Fernando], 1867. *Vita di Cristoforo Colombo*. London: Dulan and Co.

—, 1959. *The Life of Admiral Christopher Columbus by His Son Ferdinand*. New Brunswick: Rutgers University Press.

Constant, Christian, 1988. *Le Goût de la vie: le chocolat*. Paris: Nathan.

Cook, L. Russell, 1963. *Chocolate Production and Use*. New York: Magazines for Industry, Inc.

Cooper-Clark, James, 1938. *Codex Mendoza*. 3 vols. London: Waterlow and Sons Ltd.

Córdova Bello, Eleazar, n.d. *Historia de Venezuela: Época Colonial, primera parte*. Caracas: Ediciones Edima.

Corrado, F. Vincenzo, 1794. *La Manovra della Cioccolata e del Caffé*. 2nd edn. Naples: Nicola Russo.

Crespi, Alfred J.H., 1890. "Cocoa and chocolate." *The Gentleman's Magazine*, October 1890: 371–380.

Croce, Benedetto, 1931. *Nuovi Saggi sulla letteratura italiana del Seicento*. Bari.

Cruz, Marlene de la, Richard Whitkus, Arturo Gómez-Pompa, and Luis Mota-Bravo, 1995. "Origins of cacao cultivation." *Nature* 375 (6532): 542–543.

Cuatrecasas, José, 1964. "Cacao and its allies. A taxonomic revision of the genus *Theobroma*." *Contributions from the United States National Herbarium* 35, part 6. Washington, D.C.

Dalrymple, William, 1777. *Travels through Spain and Portugal in 1774*. London: J. Almon.

Dampier, William, 1906. *Dampier's Voyages*, ed. John Masefield. London: E. Grant Richards.

Da Ponte, Lorenzo, 1985. *Cosi fan tutte*. Libretto with CD album, trans. Diana Reed, 107. London: Decca (Éditions l'OiseauLyre).

David, Elizabeth, 1994. *Harvest of the Cold Months: The Social History of Ice and Ices*. London: Michael Joseph.

Dávila Garibí, Ignacio, 1939. *Nuevo y más amplio estudio etimológico del vocablo chocolate y de otros que con él se relacionan*. Mexico City: Emilio Pardo y Hijos.

Deitz, Paula, 1989. "Chocolate pots brewed ingenuity." *New York Times*, 19 February 1989: 38.

Desdevises du Dezert, G., 1925. "La société espagnole au XVIII' Siècle." *Revue Hispanique* 64. Paris.

Díaz del Castillo, Bernal, 1916. *The True History of the Conquest of New Spain*, trans. and ed. Alfred P. Maudslay. 5 vols. London: Hakluyt Society.

—, 1982. *Historia verdadera de la conquista de la Nueva Espana*. Madrid: Instituto Gonzalo Fernández de Oviedo.

Diderot, Denis (ed.), 1763. *Recueil de planches, sur les sciences, les arts libéraux, et les arts méchaniques, avec leur explication* 3. Paris.

—, (ed.), 1778. *Encyclopédie, ou Dictionnaire raisonné des sciences, des arts et des métiers*. Geneva: Jean-Léonard Pellet.

Dufour, Philippe Sylvestre, 1685. *The Manner of Making Coffee, Tea, and Chocolate As It Is Used by Most Parts of Europe, Asia, Africa and America, With Their Virtues*. London: William Crook.

—, 1693. *Traitez nouveaux et curieux du café, du thé et du chocolat*. The Hague: Adrian Moetjens.

Duncan, Daniel, 1706. *Wholesome Advice Against the Abuse of Hot Liquors, Particularly of Coffee, Chocolate, Tea, Brandy, and Strong-Waters*. London: M. Rhodes and A. Bell.

Dunn, Richard S., 1979. *The Age of Religious Wars, 1559-1715*. 2nd edn. New York and London: W. W. Norton.

Durán, Fray Diego, 1964. *The Aztecs*, trans. Fernando Horcasitas and Doris Heyden. New York: Orion Press.

—, 1967. *Historia de les Indias de Nueva España e Islas de la Tierra Firme*. 2 vols. Mexico City: Porrúa.

—, 1971. *Book of the Gods and Rites and the Ancient Calendar*. Norman: University of Oklahoma Press.

Durand-Forest, Jacqueline de, 1967. "El cacao entre los aztecas." *Estudios de Cultura Náhuatl* 7: 155–81. Mexico City.

Esquemeling, John, 1684. *Bucaniers of America*. London: William Crook.

Estrada Monroy, Agustín, 1979. *El mundo k'ekchi' de la Vera-Paz*. Guatemala City: Editorial del Ejercito.

Felici, Giovanni Batista, 1728. *Parere Intorno all' uso della Cioccolata*. Florence: Giuseppe Manni.

Fernández de Oviedo, Gonzalo, 1959. *Historia natural y general de las Indias*. (Biblioteca de Autores Espanoles, vols. 117–121). Madrid: Atlas.

Franklin, Alfred, 1893. *La Vie privée d'autrefois: le café, le thé et le chocolat*. Paris: Plon.

Freeman, Sarah, 1989. *Mutton and Oysters*. London: Victor Gollancz.

Fuentes y Guzmán, Antonio, 1932–1933. *Recordación Florida*. 2 vols. Guatemala City: Biblioteca "Goathemala."

Fuller, Linda K., 1994. *Chocolate Fads, Folklore, and Fantasies*. New York and London: Harrington Park Press.

Gage, Thomas, 1648. *The English-American, His Travail by Land and Sea, or a New Survey of the West Indies*. London.

García de la Concepción, Joseph, 1956. *Historia Belemítica*. Guatemala City: Biblioteca "Goathemala."

García Pelaez, Francisco de Paula, 1971. *Memorias para la historia del Antiguo Reino de Guatemala*. 2 vols. Guatemala City: Sociedad de Geografía e Historia.

Gasco, Janine, n.d. "The social and economic history of cacao cultivation." Paper presented at "Chocolate, Food of the Gods" conference, Hofstra University, December 1988.

Gemelli Carreri, Giovanni Francesco, 1727. *Voyage du tour du monde*. 8 vols. Paris: Etienne Ganeau.

Gerard, John, 1633. *The Herball or Generall Historie of Plantes*. London.

Giovannini, Francesco, 1987. *La Tavola degli Anziani: I Pranzi di Palazzo nella Lucca del '700*.

Lucca: Maria Pacini Fazzi Editore.

Gómez-Pompa, Arturo, José Salvador Flores, and Mario Aliphat Fernández, 1990. "The sacred cacao groves of the Maya." *Latin American Antiquity* 1 (3): 247–257.

Graves, Charles, 1963. *Leather Armchairs. The Chivas Regal Book of London Clubs.* London: Cassell and Company Ltd.

Gualtieri, Guido. 1586. *Relationi della venuta degli ambasciatori giaponesi.* Rome: Francesco Zannetti.

Gudenfridi, Giovanni Batista, 1680. *Differenza tra' il cibo e il cioccolate.* Florence: Condotta.

Guerrero, Andrés, 1980. *Los oligarcas del cacao.* Quito: El Conejo.

Harwich, Nikita, 1992. *Histoire du chocolat.* Paris: Editions Desjonquères.

Hemming, John, 1987. *Amazon Frontier.* Cambridge, Mass.: Harvard University Press.

Hernández, Francisco, 1959. *Obras completas.* 5 vols. Mexico City: UNAM.

Hewett, Charles, 1873. *Cocoa: Its Growth and Culture, Manufacture, and Modes of Preparation for the Table.* London: Spon.

Hibbert, Christopher, 1980. *The House of the Medici: Its Rise and Fall.* New York: Morrow Quill Paperbacks.

Hirst, Christopher, 1993. "Choc Treatment." *The Independent Magazine*, 10 April 1993: 26–29. London.

Hughes, William, 1672. *The American Physician.* London: William Crook.

Hunt, Leigh, 1825. *Bacchus in Tuscany: A Dithyrambic Poem from the Italian of Francesco Redi, with Notes Original and Select.* London: John and H.L. Hunt.

Hurst, W. Jeffrey, 2006. "The determination of cacao in samples of archaeological interest." In McNeil (ed.) 2006: 105–113.

Hurst, W. Jeffrey et al., 2002. "Cacao usage by the earliest Maya civilization." *Nature* 418: 289–290.

Hurtado, Tomás, 1645. *Chocolate y tabaco. Ayuno eclesiástico y natural.* Madrid: Francisco García, Impresor del Reyno.

Huxley, Gervas, 1956. *Talking of Tea.* Ivyland, Penna: John Wagner and Sons.

Justeson, John S., William M. Norman, Lyle Campbell, and Terrence Kaufman, 1985. *The Foreign Impact on Lowland Mayan Language and Script.* New Orleans: Tulane University, Middle

American Research Institute (publication 53).

Kany, Charles E., 1932. *Life and Manners in Madrid 1750-1800*. Berkeley: University of California Press.

Katz, S.H., M.L. Hediger, and L.A. Valleroy, 1974. "Traditional maize processing techniques in the New World." *Science* 184: 765-773.

Kelley, David H., 1987. "Culture history and linguistics in Mesoamerica." *The Quarterly Review of Archaeology* 7 (3-4): 12-13.

Kelley, J.N.D., 1986. *The Oxford Dictionary of the Popes*. Oxford: Oxford University Press.

Kerouac, Jack, 1950. *The Dharma Bums*. London: Andre Deutsch. 1958, New York: The Viking Press.

Labat, Jean-Baptiste, 1979. *Voyage aux Îles de l'Amérique*. Paris: Seghers.

Lanaud, Claire, Rey Loor Solórzano, Sonia Zarrillo, and Francisco Valdez, 2010. "Orígen de la domesticación del cacao y su uso temprano en Ecuador." *Nuestro Patrimonio* 12.

Lancisi, Giovanni Maria, 1971. *De subitaneis mortibus (On Sudden Deaths)*. New York: St John's University Press.

Las Casas, Fray Bartolomé de, 1909. *Apologética historia de las Indias*. Madrid: Nueva Biblioteca de Autores Españoles.

Lavedán, Antonio, 1991. *Tratado de los usos, abusos, propriedades y virtudes del tabaco, café, té y chocolate*. Almarabe.

Le Grand d'Aussy, Pierre Jean-Baptiste, 1815. *Histoire de la vie privée des Francais*. Paris: Laurent-Beaupré.

Lémery, Louis, 1704. A *Treatise of Foods*. London: John Taylor.

Lentz, David L,. et al., 1996. "Foodstuffs, forests, fields and shelter: a paleoethnobotanical analysis of vessel contents from the Cerén site, El Salvador." *Latin American Antiquity* 7 (3): 247-262.

León Pinelo, Antonio de, 1636. *Questión moral si la bebida del chocolate quebranta el ayuno eclesiástico*. Madrid: Viuda de Juan González.

León-Portilla, Miguel, 1963. *Aztec Thought and Culture*. Norman: University of Oklahoma Press.

—, 1981. "Otro testimonio de aculturación hispano-indígena." *Revista Espanola de Antropología Americana* 11: 220-243. Madrid.

—, 1992. *Fifteen Poets of the Aztec World*. Norman and London: University of Oklahoma Press.

Lever, Maurice, 1993. *Sade: A Biography*. New York: Farrar, Strauss and Giroux.

Lewis, Wilmarth S. (ed.), 1971. *Horace Walpole's Correspondence with Sir Horace Mann and Sir Horace Mann the Younger*, vol. 9. New Haven: Yale University Press.

Libera, Felici, 1986. *L'Arte della Cucina*. Bologna: Arnaldo Forni.

Lingua, Paolo, 1989. *La Cucina degli Genovesi*. Padua: Franco Muzzio Editore.

Lister, Martin, 1967. *A Journey to Paris in the Year 1698*. Urbana: University of Illinois Press.

Livoy, P. Bamabite De, 1772. *Voyage D'Espagne Fait en L'Année 1755*. 2 vols. Paris: Costard.

López de Gomara, Francisco, 1964. *Cortés. The Life of the Conqueror by His Secretary*, trans. and ed. by Lesley Bird Simpson, Berkeley and Los Angeles: University of California Press.

MacLeod, Barbara, n.d. *Deciphering the Primary Standard Sequence*. Ph.D. thesis, 1990, University of Texas at Austin.

Magalotti, Lorenzo, 1972. *Relazioni D'Inghilterra 1668 e 1688*. Florence: Leo S. Olachki Editore.

Malaspina, Marcello, 1741. *Saggi di Poesie Diverse*. Florence: Bernardo Paperini.

Mangetus, John, 1687. *Pharmacopoeia Schrödero-Hoffmanniana*. Cologne: Philip Andreae.

Mangin, Arthur, 1862. *Le Cacao et le Chocolat*. Paris: Guillaumin et Cie.

Martínez, José Luis, 1990. *Hernán Cortés*. Mexico City: Fondo de Cultura Económica.

Martínez, Maximino, 1959. *Plantas útiles de la flora mexicana*. Mexico City: Ediciones Boras.

Martínez Llopis, Manuel, n.d. *Historia de la gastronomía española*. Madrid: Editora Nacional.

McNeil, Cameron L. (ed.), 2006. *Chocolate in Mesoamerica: A Cultural History of Cacao*. Gainesville: University Press of Florida.

McNeil, Cameron L., W. Jeffrey Hurst, and Robert J. Sharer, 2006. "The use and representation of cacao during the Classic Period at Copan, Honduras." In McNeil (ed.) 2006: 224–252.

Medero, Enrique, 1995. "Reliquias eléctricas." *Sol y Son* 1: 35–39. Havana.

Miller, Mary E., and Karl Taube, 1992. *The Gods and Symbols of Ancient Mexico and the Maya: An Illustrated Dictionary of Mesoamerican Religion*. London and New York: Thames & Hudson.

Minifie, Bernard, W., 1980. *Chocolate, Cocoa and Confectionary*. Westport, Conn.: AVI Publishing Company.

Molina, Alonso, 1571. *Vocabulario en lengua castellana y mexicana*. Mexico City: Antonio de Spinola.

Montorfano, Emilio, 1991. *L'uovo di Colombo*. Milan: Terziaria.

Morelli, Roberto, 1982. "Antonio Nebbia un singolare cuoco settecentesco." *Appunti di Gastronomía* 8. Milan.

Morison, Samuel E., 1963. *Journals and Other Documents on the Life and Voyages of Christopher Columbus*. New York: Heritage Press.

Morton, Marcia and Frederic, 1986. *Chocolate: An Illustrated History*. New York: Crown Publishers.

Mota, Ignacio H. de la, 1992. *El libro del chocolate*. Madrid: Ediciones Piramide.

Nunes Dias, Manuel, 1961. *O cacau luso-brasileno na economia mundial—subsidios para a sua historia*. Lisbon: Studia.

Ogata, Nisao, Arturo Gómez-Pompa, and Karl A. Taube, 2006. "The domestication and distribution of *Theobroma cacao* L. in the Neotropics." In McNeil (ed.) 2006: 69–89.

Olmo, Joseph del, 1680. *Relación histórica del Auto General de Fé, que se celebró en Madrid este Año del 1680*. Madrid: Roque Rico de Mirando.

Ortiz de Montellano, Bernard R., 1990. *Aztec Medicine, Health, and Nutrition*. New Brunswick: Rutgers University Press.

Pacheco y de Leyva, Enrique, 1915. *El cónclave de 1774 a 1775*. Madrid: Imprenta Clásica Española.

Pan-American Union, 1937. "Cocoa." *Commodities of Commerce Series* 18. Washington, D.C.

Paradis, Louise I., 1979. "Le cacao précolombien: monnaie d'échange et breuvage des dieux." *Journal d'agriculture traditionelle et de botanique* 26 (3–4): 181–99. Paris.

Pepys, Samuel, 1970–1983. *The Diary of Samuel Pepys*, ed. Robert Latham and William Matthews. 11 vols. Berkeley: University of California Press. London: Bell and Hyman.

Petkanas, Christopher, 1987. "*Very* serious about chocolate." M, July 1987: 24–28: New York.

Pineda, Juan de, 1925. Descripción de la Provincia de Guatemala. *Anales de la Sociedad de Geografía e Historia* 1 (4). Guatemala City.

Piso, G., 1658. *De Indiae utriusque re naturali et medica*. Amsterdam: Elzevir.

Plebiani, Tiziana, 1991. *Cioccolata: La Bevanda degli Dei Forastieri*. Venice: Centro Internazionale della Grafica di Venezia.

Popenoe, Wilson, 1919. "Batido and other Guatemalan beverages prepared from cacao." *American Anthropologist* n.s., 21: 403–409.

Presilla, Maricel E., 2001. *The New Taste of Chocolate: a Cultural and Natural History of Cacao with Recipes*. Berkeley: Ten Speed Press.

Redi, Francesco, 1742. *Opere di Francesco Redi*. 5 vols. Venice: Eredi Hertz.

—, 1811. Opere. Milan: Clasici Italiani.

Reents-Budet, Dorie, 1994. *Painting the Maya Universe*. Durham and London: Duke University Press.

Reyes Vayssade, Martin (ed.), 1992. *Cacao: historia, economia e cultura*. Mexico City: Comunicación y Ediciones Tlacuilo.

Riant, A., 1875. *Le Café, le Chocolat, le Thé*. Paris: Librairie Hachette et Cie.

Rimondini, Giovanni, 1992. "Cucina per l'impotente." *La Gala*, October 1992, Anno XI, no. 93.

Robert, Hervé, 1990. *Les Vertus therapeutiques du chocolat*. Paris: Editions Artulen.

Rubin, Cynthia Elyce (ed.), 1993. *Bread and Chocolate: Culinary Traditions of Switzerland*. New York: published by author.

Rubin de Cervin, G. B., 1985. *La flotta di Venezia*. Milan: Automobilia.

Sade, Donatien Alphonse François, marquis de, 1980. *Lettres et mélanges littéraires*. Paris: Editions Broderie.

Sahagún, Fray Bernardino de, 1950–1959. *General History of the Things of New* Spain. Trans. from the Nahuatl by Arthur J. O. Anderson and Charles E. Dibble. 12 vols. Santa Fe: School of American Research and University of Utah.

Saint-Arroman, A., 1846. *Coffee, Tea and Chocolate: Their Influence upon the Health, the Intellect, and the Moral Nature of Man*. Philadelphia: Townsend Ward.

Saint-Simon, Louis de Rouvray, duc de, 1974. *Mémoires 1692–1694*. Paris: Editions Ramsay.

—, 1977. *Mémoires 1695–1699*. Vol. 2. Paris: Editions Ramsay.

Salvini, Riccardo, 1992. Feste Romane. *Appunti di gastronomía* 9.

Sánchez Rivero, Angel (ed.), n.d. *Viaje de Cosme de Médicis por España y Portugal (1668–1669)*. Madrid: Sucesores de Rivadeneyra.

Schivelbusch, Wolfgang, 1992. *Tastes of Paradise*. New York: Pantheon.

Scholes, France V., Rubio Mañé, and Eleanor B. Adams, 1938. *Documentos para la Historia de Yucatán*, Vol. 2: *La Iglesia en Yucatán, 1560–1610*. Merida: Carnegie Institution of Washington and Diario de Yucatán.

Sévigné, Mme de, 1860. *Lettres*. 2 vols. Paris: Firmin Didot Frères, Fils et Cie.

Sewall, Samuel, 1973. *The Diary of Samuel Sewall*. New York: Farrar Straus and Giroux.

Sheets, Payson, 2003. "Commonly good food among commoners: growing and consuming food in ancient Cerén." *Expedition* 45 (2): 17–21.

Shepherd, Gordon M., 2012. *Neurogastronomy: How the Brain Creates Flavor and Why It Matters*. New York: Columbia University Press.

Simons, Marline, 1993. "Nantes journal. Unhappily, port confronts its past: slave trader." *New York Times*, International edn, 17 December 1993.

Smithies, Michael (ed.), 1986. *The Discourses at Versailles of the First Siamese Ambassadors to France 1686–1687*. Bangkok: The Siam Society.

Snavely, Joseph Richard, 1957. *An Intimate Story of Milton S. Hershey*. Hershey, Penna: Hershey Chocolate Corporation.

Solorzano y Pereyra, Juan de, 1972. *Política indiana*. Biblioteca de Autores Espanoles, 252. Madrid: Atlas.

Squier, Ephraim G., 1858. *The States of Central America*. New York: Harper and Bros.

Steck, Francis Borgia, 1951. *Motolinía's History of the Indians of New Spain*. Washington: Academy of American Franciscan History.

Steele, Richard ["Isaac Bickerstaff"], 1803. *The Tatler* 1. Philadelphia, Penna.

Stevenson, William B., 1825. *A Historical and Descriptive Narrative of Twenty Years' Residence in South America*. 2 vols. London: Hurst, Robinson and Co.

Stuart, David, 1988. "The Río Azul cacao pot: epigraphic observations on the function of a Maya ceramic vessel." *Antiquity* 62: 153–157.

—, 2006. "References to cacao on Classic Maya drinking vessels." In McNeil (ed.): 184–201.

Stubbes, Henry, 1682. *The Natural History of Coffee, Thee, Chocolate, and Tobacco*. London: Christopher Wilkinson.

Suárez de Peralta, Juan, 1878. *Noticias históricas de la Nueva Espana*. Madrid: Manuel G. Hernández.

Taibo, Paco Ignacio I, 1981. *Breviario del Mole Poblano*. Mexico City: Editorial Terra Nova.

Tedlock, Dennis (transl. and ed.), 1985. *Popol Vuh*. New York: Simon and Schuster.

Thompson, J. Eric S., 1938. "Sixteenth and seventeenth century reports on the Chol Mayas." *American Anthropologist* n.s., 40: 584–604.

—, 1956. "Notes on the use of cacao in Middle America." *Notes on Middle American Archaeology and Ethnology* 128: 95–116. Cambridge, Mass.: Carnegie Institution of Washington.

—, 1958. *Thomas Gage's Travels in the New World*. Norman: University of Oklahoma Press.

—, 1970 *Maya History and Religion*. Norman: University of Oklahoma Press.

Timbs, John, 1866. *Club Life in London*. London: Richard Bentley.

Torquemada, Juan de, 1943. *Monarquía indiana*. Mexico City: Salvador Chávez Hayhoe.

—, 1969. *Monarquía indiana*. 2 vols. Mexico City: Porrúa.

Townsend, Joseph, 1791. *A Journey through Spain in the Years 1786 and 1787*. London: C. Dilly.

Townsend, Richard F., 2010. *The Aztecs*. 3rd edn. London and New York: Thames & Hudson.

Tozzer, Alfred M., 1941. Landa's Relación de las Cosas de Yucatán. *Papers of the Peabody Museum of Archaeology and Ethnology*, Harvard University, 18. Cambridge, Mass.

Urquhart, D.H., 1961. *Cocoa*. London: Longmans, Green and Co.

Valesio, Francesco, 1979. *Diario di Roma* 6. Milan: Longonesi.

Veryard, E., 1701. *An Account of Divers Choice Remarks Taken in a Journey through the Low-Countries, France, Italy, and Part of Spain*. London: S. Smith and B. Watford.

Villari, Luigi, 1911. "Medici." *Encyclopedia Britannica*, 11th edn, 18: 31–41. New York.

Villars, Marie de, 1868. *Lettres de Madame de Villars à Madame de Coulanges*. Paris: Henri Plon.

Visconti, Primi, 1992. *Memorie di un avventuriero alla Corte di Luigi XIV*. Palermo: Sellerio.

Weinreb, Ben, and Christopher Hibbert (eds.), 1987. *The London Encyclopedia*. London: MacMillan.

Woloch, Isser, 1982. *Eighteenth-century Europe: Tradition and Progress, 1715–1789*. New York: W.W. Norton and Co.

Ximénez, Francisco, 1888. *Cuatro libros de la naturaleza*. Mexico City: Secretaría de Fomento.

Young, Allen M., 2007. *The Chocolate Tree: A Natural History of Cacao*. Revised and expanded edition. Gainesville: University Press of Florida.

Young, Gordon, 1984. "Chocolate, food of the gods." *National Geographic* 166 (5): 664–687. Washington, D.C.

Zacchia, Paolo, 1644. *De' Mali Hipochondriaci*. Rome: Vitale Mascardi.

Zantwijk, Rudolf A. van, 1985. *The Aztec Arrangement*. Norman: University of Oklahoma Press.

Zarrillo, Sonia, n.d. *Human Adaptation, Food Production, and Cultural Interaction during the Formative Period in Highland Ecuador*. Ph.D. thesis, 2012, University of Calgary.

索 引

（条目后数字为英文原书页码，即本书页边码；斜体页码即插画页码）

图书在版编目（CIP）数据

巧克力：一部真实的历史 /（美）索菲·D.科，（美）麦克·D.科著；董舒琪译 . —杭州：浙江大学出版社，2017. 11

书名原文：The True History of Chocolate

ISBN 978-7-308-17352-0

I.①巧… Ⅱ.①索… ②麦…③董… Ⅲ.①巧克力糖—基本知识 Ⅳ.① TS246.5

中国版本图书馆 CIP 数据核字（2017）第 214324 号

巧克力：一部真实的历史

［美］索菲·D.科 ［美］麦克·D.科 著 董舒琪 译

责任编辑	王志毅
文字编辑	王 雪
营销编辑	杨 硕
装帧设计	蔡立国
出版发行	浙江大学出版社
	（杭州天目山路 148 号 邮政编码 310007）
	（网址：http:// www.zjupress.com）
制 作	北京大有艺彩图文设计有限公司
印 刷	北京中科印刷有限公司
开 本	710mm×1000mm 1/16
印 张	17
字 数	260 千
版 印 次	2017 年 11 月第 1 版 2017 年 11 月第 1 次印刷
书 号	ISBN 978-7-308-17352-0
定 价	49.00 元

浙江大学出版社发行中心联系方式：(0571) 88925591；http://zjdxcbs.tmall.com